Python

趣味编程（双色版）

［日］大津真＿著
刘永富＿译

中国水利水电出版社
www.waterpub.com.cn
·北京·

内 容 提 要

在大数据时代和人工智能时代，Python因其简单易学、功能强大等优点，广泛应用于机器学习、数据分析、科学计算、网络爬虫、软件开发等。《Python趣味编程（双色版）》就以初学者为对象，对Python编程的相关知识进行了详细解说。全书共7章，内容涵盖Python的特征、执行环境、命令的执行方式，条件语句和循环语句的应用，函数的应用，字符串、列表、元组和字典的应用，数据的操作方法等，最后一章利用Turtle图形模块制作了一个完整的游戏程序，可以让读者实际感受编程的乐趣。

《Python趣味编程（双色版）》的一大特色是对学习的重点和难点部分，以学生提问、老师回答的对话形式进行解说，可以有效拉近读者和书本的距离。

《Python趣味编程（双色版）》内容丰富，语言通俗易懂，示例众多，适合所有喜欢Python的零基础读者参考学习。

北京市版权局著作权合同登记号　图字:01-2022-3839

これから学ぶ Python
KOREKARA MANABU PYTHON
Copyright @ Makoto Otsu 2018
Illustrations copyright © Genki Takata 2018
Chinese translation rights in simplified characters arranged with Impress Corporation
through Japan UNI Agency,Inc., Tokyo and中华版权代理总公司

版权所有，侵权必究。

图书在版编目（CIP）数据

Python趣味编程 ： 双色 / （日）大津真著 ； 刘永富
译. -- 北京 ： 中国水利水电出版社, 2023.3
　ISBN 978-7-5226-1276-8

　Ⅰ．①P… Ⅱ．①大… ②刘… Ⅲ．①软件工具－程序
设计 Ⅳ．①TP311.561

中国国家版本馆CIP数据核字（2023）第020341号

书　　名	Python 趣味编程（双色版） Python QUWEI BIANCHENG (SHUANGSE BAN)	
作　　者	［日］大津真　著	
译　　者	刘永富 译	
出版发行	中国水利水电出版社 （北京市海淀区玉渊潭南路 1 号 D 座 100038） 网址：www.waterpub.com.cn E-mail：zhiboshangshu@163.com 电话：（010）62572966-2205/2266/2201（营销中心）	
经　　销	北京科水图书销售有限公司 电话：（010）68545874、63202643 全国各地新华书店和相关出版物销售网点	
排　　版	北京智博尚书文化传媒有限公司	
印　　刷	北京富博印刷有限公司	
规　　格	148mm×210mm　32 开本　10.625 印张　381 千字	
版　　次	2023 年 3 月第 1 版　2023 年 3 月第 1 次印刷	
印　　数	0001—5000 册	
定　　价	89.80 元	

凡购买我社图书，如有缺页、倒页、脱页的，本社营销中心负责调换
版权所有·侵权必究

译者序

编程其实就是人们通过某种编程语言编写出程序代码，让计算机根据这些代码帮助解决问题。编程能培养和锻炼人们的逻辑和抽象思维能力、专注力和创造力，尤其是在编程过程中逐渐形成的编程思维，对青少年来说是非常重要的，这是一种高效解决问题的思维方式，这种思维方式将陪伴孩子一生。另外，在信息化时代，基本的与机器对话的能力也将是未来人才普遍具备的一种能力，而学习编程就是掌握这种能力的一个很重要的方式。当然，对于目前的广大职场人员来说，学习编程主要还是辅助工作，提高工作效率。通过编写简单的程序，很多重复、低效率的工作就可以轻松快速完成，提升工作效率，节约工作时间，让"不加班"的理想生活成为现实。

但是，在C语言、C++、Java、C#、Python……那么多编程语言中，选择哪种语言学习比较合适呢？这是初学编程者首先面临的问题。在此，作为本书的译者，我推荐Python。

近年来，尤其是随着大数据和人工智能时代的到来，Python因其各方面的强大优势（简单易学、面向对象、跨平台、移植性好、有丰富的第三方库、免费开源等），受到了广泛的关注。在TIOBE网站中，Python曾5次成为年度编程语言。2022年，Python曾连续几个月在TIOBE编程语言排行榜中排名第一，直到2023年3月，Python仍然在TIOBE中排名第一。总之，Python是一门功能强大但对新手友好的编程语言，特别适合作为初学编程者的编程语言。

本书是大津真先生以零基础读者为主要阅读对象编写的Python编程入门书。作者用流畅的笔调借助Python中的内置模块turtle，阐述了Python编程的基本原理和方法。同时用大量丰富的例子来讲解字符串、列表、元组、字典、集合这5大主要序列对象的各方面内容。在讲解的同时，还穿插一些人物对话，这些对话的内容针对性非常强，恰如其分地反映了当前章节的重点和难点，使读者少走弯路，尽量不踩坑。

我有幸翻译了本书的全部内容，因此对作者的写作思路有了一个相对完整的了解。作为一本入门书，他并没有对Python编程知识进行面面俱到的讲解，而是有所取舍，对初学者必须掌握的内容进行了详细解说，当然这也体现了知识不在于多而在于精的特点。这里容我对作者认真负责的做事态度表达一下敬佩之情：为了让读者能真正看懂学会Python，他能够将同一个问题不厌其烦地多次反复强调，一遍一遍地让读者加深印象，直至学会。

为了能让广大读者有效地利用本书，本人特别制作了 4.5 小时的 Python 入门与核心语法中文视频教学课程，以及 2 套程序设计练习题、1 套程序设计期末考试复习题和 2 套程序设计期末考试试卷，读者可根据需要按前言中的所述方式下载使用。

本书在翻译方式和语言表达方面，在尊重原著内容和写作风格的前提下力求做到浅显易懂，文笔通畅。为了方便读者学习，译者在翻译过程中将原日文环境中的操作同步替换为了在中文环境中的操作。由于译者的学识和水平有限，书中也难免有不妥之处，欢迎广大读者批评指正。

如果本书能够对你的 Python 学习起到一定的积极作用，作为译者我是非常高兴的。

刘永富

前　言

由于Python语法格式简单，对初学者很友好，是目前最受关注的编程语言之一。而越来越多的高等院校也将Python作为编程教学语言。

现在，关于Python的学习书籍和网络资料有很多。但是，哪一种更适合，与学习者的水平和个人喜好有很大关系。如果不选择适合自己的方法，学习可能就无法顺利高效地进行。

本书以编程初学者为对象，对Python学习过程中遇到的重点和难点以学生提问、老师回答的形式，尽量进行了浅显易懂的解说。另外，图形部分使用的turtle（乌龟），是Python的标准模块，该模块可以让读者直观地学习编程，也可以让读者在享受编程的同时愉快地进行学习。

第1章作为引导部分，对Python的概要和特征，以及Python的执行环境的安装等进行了说明。

第2章介绍了如何使用命令行运行Python命令，以及如何将Python程序保存为文本文件并运行等。

第3章介绍了编程中不可或缺的条件判断和循环等控制结构。

第4章介绍了将一系列处理编写成一个函数，并根据函数名称来调用函数的方法。

第5章介绍了字符串、列表、元组、字典等基本数据类型的操作。

第6章介绍了日期时间的操作、文本文件的读写、列表推导式等稍微高级的数据操作。

第7章利用turtle图形模块制作一个动态游戏，程序内容比前几章稍微复杂一些，但是带有分步骤的解说，希望读者能够努力挑战完成。

通过本书的学习，读者将会感受到Python编程的乐趣，希望读者能创作出各种各样的原创程序。

大津真

关于本书记号的说明

本书的操作，是以Python的交互模式，在文本编辑器中编写Python程序然后在终端执行为中心进行的。

Python的交互模式

Python交互模式的详细情况将在第2章进行讲解，该模式是通过命令行来启动和操作Python的，如Windows系统中的Windows PowerShell、Mac/Linux系统中的终端（也可以使用Python的标准开发环境IDLE）。

在本书中，交互模式下的操作以浅灰色背景表示。

如果实际上输入的是1行代码，由于页面宽度的关系变成了2行的情况，会在行尾标记一个右箭头。

右箭头表示单行输入，在实际代码编写时不用换行 ———

```
>>> colors = {"red":"红", "blue":"蓝", "green":"绿", "white" →
:"白"} Enter
```

这个实际上就像下面所示只输入了1行代码。但是由于字号太小，看起来不舒服，本书优先采用上述的文字大小。

```
>>> colors = {"red":"红", "blue":"蓝", "green":"绿", "white":"白"} Enter
```

Python的程序文件

可以在文本编辑器中输入和创建Python的程序文件。本书采用浅色背景表示程序内容。

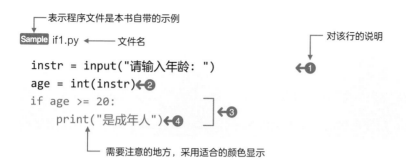

表示程序文件是本书自带的示例

Sample if1.py ← 文件名

对该行的说明

```
instr = input("请输入年龄: ")
age = int(instr) ←❷
if age >= 20:
    print("是成年人") ←❹
```
←❶

❸

需要注意的地方,采用适合的颜色显示

　　Sample 表示是本书自带的程序示例文件（请参考后面"示例文件的下载"说明下载后使用）。

Windows 和 Mac/Linux 中换行符的不同

　　换行符"\n"在 Windows 命令行的默认设定中使用"¥n"表示,在 Mac/Linux 中则使用"\n"。

关于按键的表示

　　如快捷键 Alt + Ctrl + B（Windows）、option + control +R（Mac）,将按键的文字使用"+"连接起来表示同时按下的意思。

　　另外,在命令行或交互模式下的执行键,本书统一为 Enter,读者需要知道,在 Mac 中使用 return 也可以执行。

```
>>> import math  Enter
>>> math.sqrt(9)  Enter
3.0
```
在 Mac 中,使用 return 也可以

关于 * 符号

　　* 符号根据字体的不同,可能显示也略有不同。无论怎样显示都代表相同的 * 号。

示例文件的下载

带有 **Sample** 的程序文件及译者制作的文件可以通过如下方式下载。

（1）扫描下面的"读者交流圈"二维码，加入圈子即可获取本书资源的下载链接。

（2）也可以直接扫描"人人都是程序猿"公众号，关注后，输入 qwbc 并发送到公众号后台，获取资源的下载链接。

（3）将获取的资源链接复制到浏览器的地址栏中，按 Enter 键，即可根据提示下载（只能通过计算机下载，手机不能下载）。

读者交流圈　　　　人人都是程序猿 公众号

对话的登场人物

本书以对话形式总结了补充事项、注意事项等。登场人物是以以下三类人群为代表的读者群体，是假想的读者对象。

大家好！大家一起愉快地学习 Python 吧！

乌龟老师：自由程序员。擅长领域是 Web 前端和数据分析。他还担任 IT 技术学校的讲师。

好呀，以提高技能为目标，一起加油吧！

元组君：入职一年的 SE 系统工程师。具有 JavaScript 开发经验。为了应对今后可能会增加的机器学习和网络爬虫方面的案例，正在学习 Python 的基础知识。

大家好！ 我是 Python 初学者，请多关照！

拉姆达：大学一年级理科学生。在程序设计的课程中正在学习 Python，且有点儿掉队。

目　录

第3章
理解条件判断和循环

第4章
使用函数集中处理更加方便

第5章
灵活运用字符串、列表、元组和字典

第6章
活用Python的数据

6.1 操作日期和时间   218

6.2 稍微高级一点的数据的活用方法   235

6.3 读写文本文件   253

第7章
挑战游戏制作

Python 编程之前的准备

　　欢迎来到美好的Python编程的世界！下面就通过本书，愉快地学习用Python语言编写程序吧。作为第1章，将对Python的概要和Python编程的环境设置进行说明。

1 什么是编程

世界上的编程语言众多。本节将讲述编程究竟是什么，以及编程语言有哪些种类。

重点在这里

✓ 计算机能够理解的语言只有机器语言
✓ 对人类来说很容易理解的高级语言
✓ 解释型和编译型
✓ Python 是解释型的高级语言

1.1.1 程序是向计算机发出的指令

所谓的"计算机程序"，就是对计算机指令的描述。

与计算机主机和周边设备等"硬件"相对应，计算机程序有时也称作"软件"。众所周知的文字处理和表格计算软件、Web 浏览器等应用程序，还有计算机用的 Windows、macOS，智能手机用的 iOS、Android 等操作系统也是计算机程序的一类。我们将这种程序的语言称为"编程语言"。

应用程序和操作系统也是程序

应用程序、操作系统都是程序

应用程序
● 文字处理软件
● 表格计算软件
● Web 浏览器
等等

操作系统
● Windows
● macOS
● iOS
● Android
等等

编程语言有机器语言和高级语言

我们将计算机能够直接理解的编程语言称为"机器语言"。用机器语言编写的程序称为"目标程序"。机器语言的内容是二进制的数值，也就是1和0的排列，人类看到了很难立刻理解其内容。早期的计算机需要用机器语言来编写程序，这对于人类来说负担很大。

于是出现了对于人类来说容易理解的文本形式的程序——称作"高级语言"的计算机程序。Python也是高级语言的一种。用高级语言在文本文件中编写的程序称为"源程序"。

机器语言和高级语言

机器语言（目标程序）

```
100010010111
100011101010
000011000111
011011011111
⋮
```

高级语言（源程序）

```
# 生成turtle
my_turtle = turtle.Turtle()
# 让turtle动起来
my_turtle.goto(200, 200)
my_turtle.penup()
```

理解　×不理解

计算机　人类

×不理解　○理解

计算机　人类

对于1和0排列的机器语言我完全不明白什么意思。

我倒是听说过汇编语言……

汇编语言是一种能够让机器语言变得更容易被人类理解的语言。它可以将由单纯数值排列的机器语言的命令用LDA这样的文本进行替换。相对于高级语言，机器语言和汇编语言合在一起也被统称为"低级语言"。

有各种各样的程序语言

　　现在，大部分被广泛使用的程序都是用高级语言编写的。目前，已经有很多编程语言被开发出来，语言的类型及其擅长的领域也各有侧重。

各种各样的编程语言

Python是主流的编程语言吗？

当然，在编程语言排行榜PYPL中，截至2023年3月，Python排在第1位。

正因为如此才受到关注。

[1.1.2 　编译方式和解释方式

　　如果想要在计算机上运行高级语言程序，必须将源程序转换成机器语言。其方式大致分为两种，即编译方式和解释方式。

　　编译方式是通过"编译器"软件预先将源程序转换成机器语言的目标

文件的方式。

编译方式

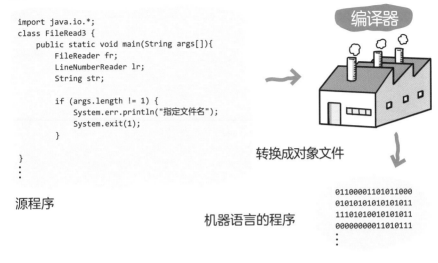

```
import java.io.*;
class FileRead3 {
    public static void main(String args[]){
        FileReader fr;
        LineNumberReader lr;
        String str;

        if (args.length != 1) {
            System.err.println("指定文件名");
            System.exit(1);
        }

    }
    ⋮
}
⋮
```

源程序

转换成对象文件

机器语言的程序

```
01100001101011000
01010101010101011
11101010010101011
00000000011010111
```
⋮

解释方式是由"解释器"软件在执行时把源程序转换成机器语言再执行的方式。Python基本上属于解释型的语言。

解释方式

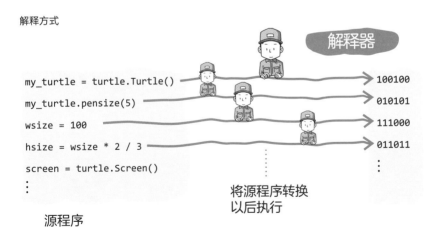

```
my_turtle = turtle.Turtle()
my_turtle.pensize(5)
wsize = 100
hsize = wsize * 2 / 3
screen = turtle.Screen()
⋮
```

源程序

将源程序转换
以后执行

```
100100
010101
111000
011011
```
⋮

解释方式和编译方式，哪一个更快呢？

在速度上，编译方式是预先转换成目标文件，运行速度更快。但是，对于修改程序以后可以立刻执行这点来说，解释方式会更加方便。

根据语言，解释方式和编译方式是分开的，对吧？

不一定是那样的，把Python源程序编译以后再执行，所谓的Cython也是存在的呀。

倒是听说过Python是脚本语言。

脚本在日语中是指戏剧中的"脚本"，但有时会把简单、灵活的解释方式的语言称为脚本语言，把源程序称为"脚本"。除了Python之外，JavaScript、Perl、Ruby等语言也是脚本语言。

1 2 Python是什么样的语言

Python由于语法简洁、易于书写，是一种很受欢迎的编程语言。从1.1节我们知道，Python是一种解释型的高级编程语言。本节进一步探究Python语言的特征。

↘ 重点在这里

✓ Python是适合初学者的面向对象的编程语言

✓ 把生成的对象称作"实例"

✓ 对象具有方法和属性

✓ 利用模块可以扩展程序的功能

✓ 书写形式上缩进很重要

[1.2.1 Python是面向对象的编程语言

Python是被分类为面向对象的编程语言，想必有不少人听过"面向对象"这样的用语。对象是指"物体"，就是把程序的对象像现实世界的东西一样来处理的一种编程感觉。

把对象中预先准备好的处理方式称为方法（Method），把对象具有的特征称为属性（Property）。

例如，假设将简单的玩具汽车作为对象来编程，那么可以将"前进""停止"看作方法，将"车身的颜色"或"电池的余量"等看作属性。

汽车的对象

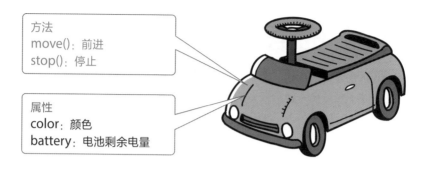

Python中一切皆对象

虽说都是面向对象的编程语言，但是把什么样的数据作为对象来处理，不同的编程语言也会有所不同。但是在Python中，一切都是对象。

Python中一切皆对象

在JavaScript中，数值和字符串不是对象，而是作为基本数据类型来处理。在Python中是怎样的呢？

包括数值和字符串在内，Python中所有的数据都是对象。

类是对象的模板

创建对象的模板称作"类"。基于类制作的、可以被使用的对象称作"实例"。例如,在玩具汽车的场合,基于ToyCar这个类,可以创建my_car1、your_car1这样的实例。

类是模板,从类可以创建可被访问的实例

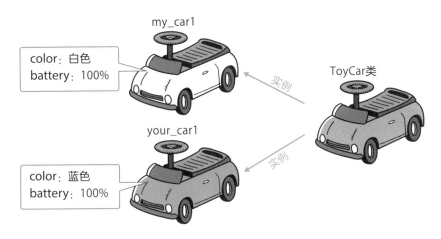

类里面有实例、方法、属性,从一开始就有这些很难的词汇吗?

是呀。这些词汇以后会多次出现,目前多少理解一点即可。

继续使用类的功能:继承

面向对象语言的一大优点是继承。在已有类的功能上创建添加新功能的类,这就是"继承"。通过继承功能,程序的再利用变得简单。例如,在前面的例子中,继承ToyCar类的功能,新添加"后退"功能,可以制作一个BetterToyCar类。

继承已有的类可以制作新类

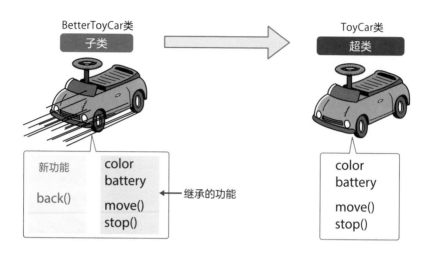

此时，最原始的类称作"超类"，新的类称作"子类"。

上图的箭头，子类 BetterToyCar 指向超类 ToyCar，但是理解起来是相反的？

使用图形来表示面向对象编程语言的继承关系时，箭头从子类指向超类是通常的做法。

1.2.2 Python是对初学者友好且成熟的语言

Python是一种书写语法简洁的面向对象的编程语言，最适合初学者入门学习。Python被大学或相关职业院校作为编程语言。另外，Python是完全开源的，谁都可以免费使用。

Python程序的应用领域

Python不仅是一种学习用的语言，还是一种能够制作成熟的应用程序的强大编程语言。下面列出了Python程序应用领域的一部分。

- 科学计算
- 机器学习
- 网络爬虫
- 物联网的设备控制

> Python应用类的书已经出版了很多，读完本书就试着挑战一下吧。

> OK，但是首先必须掌握基本知识。

※ 参考书籍
《Pythonデータサイエンスハンドブック》（オライリージャパン）
《PythonによるWebスクレイピング》（オライリージャパン）
《[第2版] Python機械学習プログラミング》（インプレス）

Python 2和Python 3

Python现在被广泛使用的版本是Python 2和Python 3，遗憾的是，使用Python 2编写的程序与使用Python 3编写的程序没有互换性，并不兼容。

Python 2和Python 3程序之间没有互换性

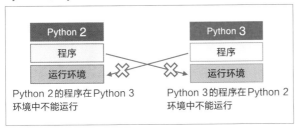

Python 2的程序在Python 3
环境中不能运行

Python 3的程序在Python 2
环境中不能运行

起初有很多模块只能在Python 2中正常使用，而现在慢慢地在Python 3中也变得没有问题。如果你想从现在开始学习，你应该选择学习Python 3。本书讲解的是Python 3。

可以通过模块自由扩展Python

Python可以使用"模块"来扩展功能，将用于处理的函数和类编写为模块。Python在安装路径中包含的标准程序库中预先准备了各种各样的模块。

标准库

- datetime模块
- math模块
- os模块
- json模块
- html模块

......

除了标准库中准备的模块以外，网上也有各种各样的模块。

如何使用那些模块呢？

Python中带有一个用于包管理的命令pip（Pip Installs Packages），使用它可以轻松地安装模块。

[1.2.3 Python程序的内容]

1.1节中所述计算机程序用于记录输入计算机的指令，这里，来看一下实际的Python程序的内容。

下面的例子是利用Python标准库中包含的绘图用的模块turtle编写的程序。turtle在本书中会出现很多次，你可以在程序中一边移动乌龟，一边在它的轨迹上绘制线条。

使用turtle模块的程序示例

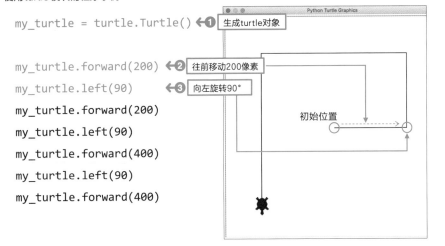

```
my_turtle = turtle.Turtle()  ←❶  生成turtle对象

my_turtle.forward(200)  ←❷  往前移动200像素
my_turtle.left(90)  ←❸  向左旋转90°
my_turtle.forward(200)
my_turtle.left(90)
my_turtle.forward(400)
my_turtle.left(90)
my_turtle.forward(400)
```

　　最开始，第❶行代码生成 turtle 的类实例：my_turtle。此时，乌龟位于窗口中心，并且方向朝右。

生成初始位置

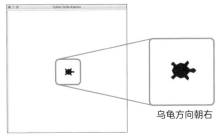

乌龟方向朝右

　　程序是从上到下执行的，从第❷行开始，是执行 turtle 的方法的部分。

　　第❷行，乌龟向右前进200像素，可以想象成 my_turtle 这个实例执行了 forward(200) 这个方法，200 是移动距离（像素数）。

向前移动200像素的方法

```
my_turtle.forward(200)
```

乌龟向右前进

第❸行代码使乌龟向左旋转90°。my_turtle执行left(90)这个方法。left(90)是向左转90°的意思。

让乌龟向左旋转90°的方法

```
my_turtle.left(90)
```

乌龟向左旋转

之后同样地，重复执行forward（前进）和left（左转）之类的方法，乌龟在移动的同时，就绘制出了如上页所示的线条。

原来如此！forward方法执行后向前进、left方法执行后向左转。

是呀，感觉学会了一点儿。

缩进很重要

编写Python程序时，"缩进"的用法很重要。缩进是指文字处理软件中的缩进。

程序统一处理的部分称为"块"，大多数的编程语言为了程序的可读性，要对块进行缩进处理。但是，大多数的编程语言中的缩进只是为了让人类更容易阅读和理解程序，在语法上即使没有缩进也没问题。

例如，在JavaScript中，块用{}包围起来表示，在其内部的语句缩进或不缩进都无所谓。

在JavaScript中

```
if (score >= refValue) {
        console.log("合格");          ————块
        count += 1;
}
```

正常缩进

```
if (score >= refValue) {
console.log("合格");
count += 1;
}
```

不缩进也行

```
if (score >= refValue) {
            console.log("合格");
            count += 1;
}
```

缩进的格式不同也行

与之相对，Python使用缩进来表示块。

在Python中，缩进很有必要

```
if (score >= refValue):
    print("合格")          ————块
    count += 1
```

4个半角空格

一级缩进建议使用4个半角空格，二级缩进建议使用8个半角空格。不正确的缩进可能会产生错误。

Python中缩进不正确会形成错误

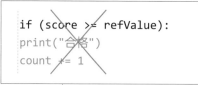

```
if (score >= refValue):
print("合格")
count += 1
```

缩进可以使用Tab制表符吗?

使用Tab制表符也可以，但是建议使用"4个半角空格"表示上下两级的缩进量。混合使用空格和制表符可能会导致代码意图不明，要注意。

Tab缩进和空格缩进，在外观上是一样的，所以必须要注意呀。

4个空格的缩进，如果不是正好按了四次空格键就不行。还有其他简单的方法吗?

1.3.5节讲解的Atom编辑器等，默认启用这个功能，按Tab键就会自动输入指定数量的空格（对于Python来说就是4个）。

13 准备编程用的工具

本节作为开始Python编程之前的准备，以Python的安装方法为中心展开讲解。另外，对最适合编程的文本编辑器Atom的安装也进行讲解。无论哪一个都是免费软件。

↘ 重点在这里

- ✓ Python安装程序可以从官方网站获得
- ✓ 在Mac中，已经默认安装了Python 2。Python 3还需通过其他途径安装
- ✓ 准备一个容易使用的文本编辑器更好
- ✓ Atom是一款免费的高级编辑器

[1.3.1   Python 编程必备]

下面总结一下Python编程开始之际需要的工具。

计算机

计算机的操作系统，如Windows、macOS、Linux等都可使用。本书虽然不涉及，但超小型的Raspberry Pi也可以使用。

Python的安装程序包

Python的解释器和运行环境有好几种，本书以Python官方网站中提供的安装包为基础进行讲解。

文本编辑器

为了制作源程序，文本编辑器是必要的。最近公开了好几种功能强大的文本编辑器，读者可以根据爱好选择使用。对于Python 3的源文件，文字编码推荐使用UTF-8，至少能够正确地操作UTF-8的编辑器是很必要的。

我可以使用Mac中内置的"文本编辑器"吗？

可以使用Mac的文本编辑器或Windows中的记事本等系统内置编辑器，使用Python安装包中的IDLE编辑器也没关系。但是，像Atom一样的高级编辑器，源程序按不同的颜色显示，能在编辑器内部直接运行程序，是非常便利的。

[1.3.2 在Windows中安装Python]

首先，从Windows开始讲解。这里以Windows 10为例，讲解在Windows系统中安装Python的方法。本书安装的是Python 3.7.0版本（本书介绍的是Python的基本使用方法，对Python版本的要求不高，读者只要安装的是Python 3.X版本即可）。

1 在Web浏览器中进入Python的官方网站。移动鼠标到Downloads，从显示出来的菜单中选择Download for Windows下面的Python 3.7.0，单击。

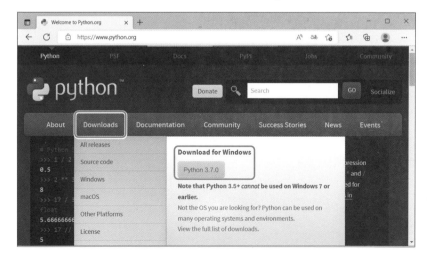

2 启动已经下载了的安装包，在显示出的对话框中勾选Install launcher for all uers(recommended)和Add Python 3.7 to PATH复选框，然后单击Install Now。

3 显示用于确认是否要修改计算机的内容的对话框，单击Yes按钮开始安装。

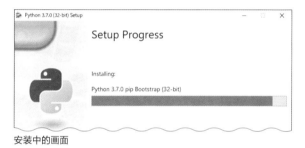

安装中的画面

4 如果显示出如下画面则表示安装已经完成了。单击Close按钮关闭对话框。

5 安装完成后，计算机桌面的"开始"菜单中增加了Python 3.x相关的命令和文档。

 开始菜单中的IDLE是什么呀？

IDLE 是 Integrated Development and Learning Environment（集成开发环境）的简称，是Python程序的开发工具，但是功能极其简单。

 包含编辑器吗？

是的。但是只有最基本的功能。根据开发的需要，安装更容易使用的功能强大的编辑器更好。

1.3.3 在Mac中安装Python

Mac（macOS High Sierra）系统中已经默认安装了Python 2。本书以Python 3为基础进行讲解，需要另外安装Python 3。

1 在Web浏览器中进入Python的官方网站。移动鼠标到Downloads，从显示出来的菜单中选择Download for Mac OS X下面的Python 3.7.0，单击。

2 启动已经下载了的安装包，按照提示进行安装。安装路径之类的设定可以按照默认设置。

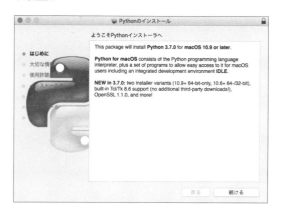

3 安装完成后会生成Applications→Python 3.7文件夹，保存着Python的IDLE及其相关文件。

1.3
▼
准备编程用的工具

Python 3.7 文件夹中并没有 Python 应用程序，是吗？

在Mac中，Python解释器本身保存在/Library/Frameworks/
Python.framework/Versions/3.x/bin路径下的Python 3.x中，
在终端中输入python3后按Enter键就能启动。

1.3.4　在Linux中安装Python

在Linux中，每个发行版都准备了Python 3的安装包，这里以最受欢迎的Linux发行版Ubuntu的最新的长期支持版Ubuntu 18.04 LTS为例进行说明。在Ubuntu 18.04 LTS中，默认安装了Python 3，之后如果要手动安装Python 3，可以在终端执行如下操作。

终端

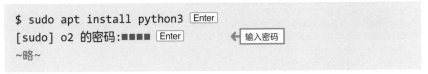

```
$ sudo apt install python3 [Enter]
[sudo] o2 的密码:■■■■ [Enter]       ←[输入密码]
~略~
```

安装IDLE

与Windows、Mac不同，在Ubuntu中，开发环境的IDLE是另外的安装包。安装Python以后，需要按照如下步骤安装idle3。

终端

```
$ sudo apt install idle3 [Enter]
[sudo] o2 的密码:■■■■ [Enter]       ←[输入密码]
~略~
```

1.3.5　安装Atom编辑器

如果是以UTF-8作为字符编码来处理创建源文件的编辑器，则可以使用。但是，Mac的Text Edit、Windows的"记事本"等操作系统标准的编辑器对于编程来说有点不足。也可以使用Python标准包中包含的IDLE的编辑器功能，但这也是功能欠缺的。

下面介绍免费的功能强大的Atom编辑器的安装方法。Atom是由著名的版本管理工具GitHub公司开发的开源的文本编辑器。

Atom的运行界面

Atom编辑器对应的操作系统有macOS、Windows、Linux。本书安装的是1.28.1。从Atom的官方网站中根据操作系统下载对应的安装包，进行安装。

从Atom的官方网站中开始下载

中文菜单

Atom可以根据需要追加各种包，能够进行功能扩展是这款编辑器很重要的特征。首先安装简体中文语言包simplifide-chinese-menu。

1 在File菜单（Mac中是Atom菜单）中选择Settings。显示出设置画面，在左侧的列表中选择Install。

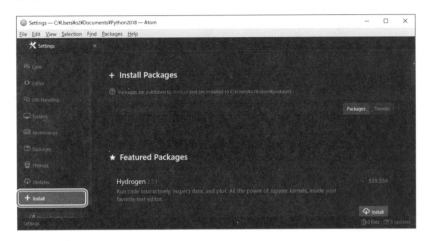

2 在Install Packages搜索框中输入chinese后按Enter键，很快检索出中文相关的包，单击simplitied-chinese-menu中的Install按钮进行安装。

以上，菜单和设置画面都显示为简体中文。

设置画面变成了简体中文

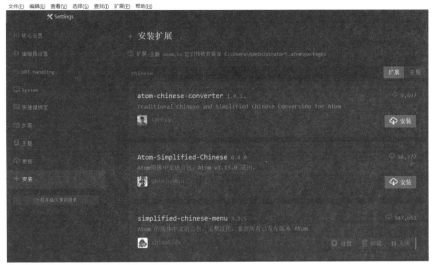

Python程序开发中方便的工具包

Atom编辑器可以使用以后，下面简单介绍几个Python程序开发中其他的方便的工具包。

atom-runner

atom-runner是一个能够在编辑过程中在编辑器内部直接运行Python程序的工具包。运行结果显示在底部的窗格中。快捷键是Alt+R（Windows）、Ctrl+R（Mac）。

atom-beauty

atom-beauty是一个能够把Python或JavaScript等各种编程语言的源代码进行美化整理的工具包。快捷键是Alt+Ctrl+B（Windows）、option+control+R（Mac）。

autocomplete-python

autocomplete-python是一个能够在输入Python的方法和函数的首字母后，自动补全列表的工具包。

2

开始 Python 编程吧

从本章开始，在实际操作的同时，学习 Python 编程的基础。首先在交互模式下输入、执行命令，熟悉 Python 的指令。之后，将说明在文本编辑器中创建程序文件并执行的方法。

执行 Python 的命令

Python的解释器具有交互模式，可以以交互方式执行命令。在创建程序文件之前，让我们学习如何在交互模式下一边输入命令，一边学习函数和变量的处理。

↘ 重点在这里

✓ 在交互模式下以对话的形式执行命令
✓ 整数是整数类型，字符串是字符串类型，每种数据都有类型
✓ 加法运算符是"+"、减法运算符是"–"、乘法运算符是"*"、除法运算符是"/"
✓ 用"+"运算符可以连接字符串
✓ 变量可以存储值

[2.1.1 在 Python Shell 中执行 Python 命令]

Python解释器不仅用于执行源代码文件，还具有以对话形式执行命令的功能。Python的功能是非常方便的，称为"交互模式"（对话模式）。

接下来试着使用交互模式执行命令。交互模式的启动方法分为IDLE和命令行模式两种。

IDLE 的交互模式

首先，在Python的标准开发环境中启动IDLE用于交互模式的Python Shell窗口。

Windows

在Windows中的"开始"菜单中选择Python 3.x→IDLE（Python）。

选择IDLE(Python 3.7 32-bit)

Mac

在Mac中找到"应用程序"→Python 3.7文件夹中的IDLE.app，双击并启动。

双击启动IDLE.app

或者，打开终端（"应用程序"→"实用工具"文件夹），执行idle3命令。

终端

```
imac2:~ o2$ idle3  Enter
```

Linux

在Linux（Ubuntu 18.04 LTS）中，打开终端运行idle命令。

终端

```
o2@ubuntu:~$ idle  Enter
```

Python Shell

在 Windows、Mac或 Linux 等任何一种系统中启动 IDLE，用于交互模式运行环境的Python Shell窗口就会显示出来。

Python Shell窗口

>>>是提示符，表示现在处于可以接收命令的状态。输入print ("hello")后按Enter键，可以立即看到显示Hello，并且再次显示>>>提示符。

执行print("Hello")

③再次显示>>>提示符

print() 语句是函数

这里使用的print()称为函数，向函数传递的值称为"参数"。从名字可以想象到，print()是把参数显示到屏幕上的函数。

print()函数

这里要注意 Hello 被双引号包围。在 Python 中记录字符串的值，要用双引号括起来。

不使用双引号，用单引号可以吗？

可以呀，但是左右两侧的引号不一样是不行的，要注意。

这是不行的

同样地，使用 print()函数，把其他的字符串作为参数运行一下查看结果。

函数的参数中指定为中文

```
Python 3.7.0 Shell
File  Edit  Shell  Debug  Options  Window
Python 3.7.0 (v3.7.0:1bf9cc5093, Jun 2
|)] on win32
Type "copyright", "credits" or "licens
>>> print("Hello")
Hello
>>> print("Python")
Python
>>> print(" 你好 ")
你好
>>>
```

在Mac中日语不能很好地输入……

IDLE内部使用了Tcl/Tk库，由于版本不同，不能正常显示日语。但是可以从其他编辑器中粘贴过来。推荐的做法是，按照下面讲述的在命令行中执行Python 3命令，启动交互模式的方法进行操作。

[2.1.2   在命令行中执行Python命令]

即使不使用前面所述的IDLE，也可以从命令行中启动交互模式。操作习惯了以后，这个方法会更加方便。

在Windows的命令行中执行

在Windows系统中，内置了Windows PowerShell或命令提示符。

例如，在Windows 10中启动PowerShell，在画面左侧的"开始"菜单上右击，选择Windows PowerShell。

启动Windows PowerShell

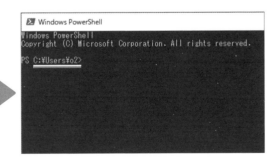

"C:\Users\o2>"显示出来，是PowerShell的提示符，表示现在处于接收命令的状态。

提示符中显示的字符串，表示现在的工作目录，称为"当前路径"。在Windows 10中启动PowerShell以后，本地磁盘（C驱动器）的Users文件夹下的"用户名"是当前路径。

Power Shell的提示符

驱动器名
路径名
用户名

　　驱动器名和路径名的分隔符是 ":", 路径之间使用的是 "¥", 这些要
注意。

　　Windows 系统中 Python 3 的解释器通过 python 命令启动。 输入
python 后按 Enter 键, Python 以交互模式启动, 显示交互模式的提示符
>>>。让我们执行 print() 函数。

在命令行启动Python的交互模式

①启动Python的交互模式

②执行print()函数

③再次显示提示符

在macOS/Linux中执行

　　在 macOS/Linux（Ubuntu）系统中启动 Python 3 解释器的方法
是, 启动终端并且在输入 python3 后按 Enter 键。启动交互模式并显示提
示符 >>>。

在Mac的终端启动Python交互模式

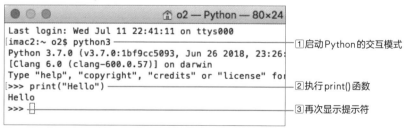

①启动Python的交互模式

②执行print()函数

③再次显示提示符

退出交互模式

想要退出交互模式，输入exit()后按Enter键即可。快捷方式是，在Windows系统中按快捷键Ctrl+Z再按Enter键，在macOS/Linux系统中按快捷键Ctrl+D（不需要按Enter键）。

为什么在macOS和Linux系统中，命令名不是python，而是python3？

Python 2和 Python 3两者都安装的可能性也有。python命令启动 Python 2系列、python3命令启动 Python 3系列。在macOS或Ubuntu的终端中输入python后按Enter键，会启动 Python 2，要注意。

[2.1.3　函数的参数不限于1个]

函数中参数个数不限于1个。根据函数的不同，可以接收多个参数。在这种场合下，参数之间要用逗号隔开。

调用函数的格式

```
函数名(参数1, 参数2, 参数3, ...)
```

刚才介绍过的用于向屏幕输出内容的print()函数，也可以接收多个参数。在这种情况下，运行结果中各个参数之间要用空格隔开显示。

```
>>> print("hello", "python") Enter    ← 指定2个参数
hello python    ← 空格隔开显示
>>> print("I", "love", "music") Enter    ← 指定3个参数
I love music
```

注意数值和字符串的不同

上面介绍print()函数时,其参数都用双引号括起来,这是字符串的情形。数值的情形不使用引号,直接书写数值本身即可。例如,要在屏幕上显示2020你可以这样做:

```
>>> print(2020) [Enter]
2020
```

把2020用双引号括起来,得到了相同的结果……

```
>>> print("2020") [Enter]
2020
```

是的。这个问题我们稍后讲解,外观上看一样,但是数值和字符串是不同的。

[2.1.4 试着进行计算]

在数值计算方面,可以像算术那样进行加法、减法各种各样的演算。例如,要计算"10+20",可以在交互模式中执行如下操作。

```
>>> print(10 + 20) [Enter]
30
```

像上面那样,把10+20作为print()函数的参数,把加法计算的结果30传递给print()函数,显示在屏幕上。

另外,在交互模式中,即使不使用print()函数,直接输入简单的算式后按Enter键也可以显示结果。

```
>>> 10 + 20  Enter
30
```

 "+"的前后没有空格不行吗?

在交互模式中不加空格也可以。但是在实际的程序中，为了容易看懂，习惯上要在运算符前后各加1个半角空格。另外，输入算式后按Enter键可以直接显示结果，但这只在交互模式内部有效，在实际的程序中不能这样使用。这一点需要注意。

其他运算符

执行运算的符号称为"运算符"。和算术一样的加法运算符是"+"、减法运算符是"–"。但是，乘法运算符是"*"、除法运算符是"/"。

```
>>> print(100 - 5)  Enter    ← 100-5
95
>>> print(5 * 3)  Enter      ← 5×3
15
>>> print(99 / 5)  Enter     ← 99÷5
19.8
```

下表列出了Python提供的算术运算中使用的基本运算符。

基本运算符

运算符	含义	示例	描述
+	加法	a + b	计算a与b之和
–	减法	a – b	计算a与b之差
*	乘法	a * b	计算a与b的乘积
/	除法	a / b	计算a除以b的商
//	整除	a // b	a整除b（小数部分舍去）
%	求余	a % b	计算a除以b的余数
**	乘方	a ** b	计算a的b次方

优先级的变更

与算术的规则一样，乘法和除法优先于加法和减法。想要变更优先级，可以用圆括号把想要优先的部分括起来。

```
>>> 100 - 5 * 3 [Enter]      ←┤ 5 * 3 是优先的 │
85
>>> (100 - 5) * 3 [Enter]    ←┤ 100-5是优先的 │
285
```

将(100 − 5) * 3作为print()函数的参数时，请注意()是嵌套使用的。

```
>>> print((100 - 5) * 3) [Enter]
285
```

2.1.5　把值存储到变量中

临时存储值的区域称为"变量"。变量是编程过程中的重要元素之一。变量可以通过"变量名"进行访问。把值存储到变量的过程如下所示。

把值存储到变量的过程

```
变量名 = 值
```

我们把这个操作称为"赋值"。

例如，为了记住年龄，可以准备一个age变量，把20赋给变量age的操作如下所示。

```
>>> age = 20 [Enter]
```

从变量中取出值，直接书写变量名即可。在print()函数中显示变量age的值，操作如下所示。

```
>>> print(age) Enter
20
```

在交互模式下，输入变量名后按Enter键就可以显示变量的内容。但是，只限于在交互模式下这样使用。

```
>>> age Enter
20
```

如果想确认变量的值，这样使用太方便了！

可以将变量名想象成给值贴了一个标签。

变量名是给值贴的标签

从变量中取出值可以进行运算。将变量age加上5，然后用print()函数显示的操作如下所示。

```
>>> print(age + 5) Enter
25
```

变量的值可以赋给其他的变量。例如，把变量age的值赋给变量age2的操作如下所示。

```
>>> age2 = age [Enter]
>>> age2 [Enter]
20
```

此时，age和age2是同一个值的标签。

age和age2是贴到同一个值上的标签

运算结果可以赋给其他变量。将变量age的值加2并赋给变量age3的操作如下所示。

```
>>> age3 = age + 2 [Enter]
>>> age3 [Enter]
22
```

此时，age和age3是不同的值的标签。

age和age3是不同的值的标签

便利的赋值运算符

变量的值参与运算，运算的结果又赋给同一个变量的情况也经常有。下面的例子显示了将变量age的值加上2，再赋给变量age的操作。也就是让变量age的值增加2。

```
>>> age = 20 [Enter]
>>> age = age + 2 [Enter]  ← 变量age的值加2再赋给变量age
>>> age [Enter]
22
```

在Python中表示这种处理，可以使用更简单的"自身赋值运算符"。

自身赋值运算符的示例

自身赋值运算符	示例	描述
+=	a += b	与a = a + b相同
-=	a -= b	与a = a - b相同
*=	a *= b	与a = a * b相同
/=	a /= b	与a = a / b相同

例如，上面所述的变量age的值加上2再赋给原先变量，也就是让变量age自己增加2，可以使用"+="运算符。

```
>>> age = 20 [Enter]
>>> age += 2 [Enter]  ← 变量age的值增加2
>>> age [Enter]
22
```

[2.1.6 使用"+"运算符连接字符串]

"+"运算符用于数值之间，能够实现加法运算。实际上"+"运算符也能用于字符串，这种情况下左边和右边的字符串会被连接起来。

```
>>> print("Hello" + "World") [Enter]
HelloWorld
```

对于存储了字符串的变量也有效。赋值了的变量first和last使用"+"连接，再赋给变量full。

```
>>> first = "太郎" [Enter]
>>> last = "山田" [Enter]
>>> full = last + first [Enter]
>>> full [Enter]
'山田太郎'
```

使用"*"运算符还可以实现字符串的多次重复连接！

是的，把乘法运算符"*"用于字符串，按指定的次数重复连接字符串。

```
>>> "hello" * 3 [Enter]
'hellohellohello'
```

2.1.7　注意值的类型

2.1.3小节中讲过，数值和字符串在外观上是一样的，但程序内部的处理方式却不同。这是因为数据类型不同。数值之间可以进行加法、除法运算，字符串却不能。

在交互模式下确认一下。把加法运算符"+"用于数值就成为加法，用于字符串则成为连接（字符串用双引号括起来）。

```
>>> 4 + 5 [Enter]
9      ← 加法运算
>>> "4" + "5" [Enter]
'45'   ← 连接字符串
```

Python中字符串与数值不能直接运算。例如，数值和字符串之间使用"+"运算符会出现错误。

```
>>> 3 + "4" Enter
Traceback (most recent call last):                    ❶ 错误信息
  File "<stdin>", line 1, in <module>
TypeError: unsupported operand type(s) for +: 'int' and 'str'
```

像这种在交互模式下输入的命令有问题时会显示错误信息，❶的
TypeError是类型不同引起的错误。后面的意思是整数与字符串之间不能
使用"+"运算符。

int是Integer（整数）的简称吧。

是的。那么str是？

String（字符串）！

正确！

字符串转换为数值

使用int()函数可以把字符串转换为整数。int()函数可以把诸如15这样
的字符串转换为对应的整数值。与之前用过的print()函数不同，int()函数
返回结果的值。函数返回的值称为"返回值"。

字符串转换为数值

在交互模式下实际操作一下。

```
>>> int("15") Enter
15
```

int()函数的返回值是数值，可以进行加法之类的运算。

```
>>> int("15") + 4 [Enter]
19
```

整数值转换为字符串

相反地，整数值向字符串转换，使用str()函数。

整数值转换为字符串

在交互模式下实际操作一下。

```
>>> str(15) [Enter]
'15'
>>> str(15) + "4" [Enter]    ← 把15转换为字符串并与4连接
'154'
```

 JavaScript中字符串与数值之间使用"+"运算符按照字符串来连接。

```
"3" + 4 ▶ "34"
```

是的。JavaScript中数值可以自动转换为字符串，但在Python中不是这样的。Python对数据类型的要求更严格。

整数与小数是有区别的

Python中，数值类型有整型（int型）、浮点型（float型）。整型是用数字本身表示的数值。浮点型是一个听起来有点不习惯的词汇，可以理解为包含小数点以后的数值。

整数是整型、小数是浮点型

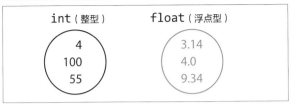

即使是相同的整数值，如果书写了小数点也会变成浮点型，需要注意。

OK！

整型与浮点型，即使类型不同也能进行运算。这种情况下运行结果变成浮点型。

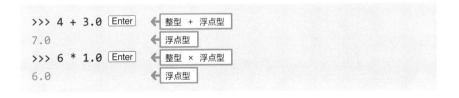

另外，整型之间进行除法运算时，即使在完全整除的情况下，结果也是浮点型。

专 栏

用type()函数查询数据类型

在Python中，数据类型是非常重要的。字符串是str类型、数值是int或float类型。类型不同，则可能的处理方式也不同。例如，数值可以进行数值运算，字符串则不能。

查询数据类型可以使用type()函数。

函 数

◆◆◆◆◆◆◆◆◆◆◆◆◆◆◆◆◆

type(val)

参 数

val : 值

返回值

数据类型

说明

返回参数val的数据类型

◆◆◆◆◆◆◆◆◆◆◆◆◆◆◆◆◆

例如，查询整数3的类型，操作如下。

```
>>> type(3) Enter
<class 'int'>
```

结果<class 'int'>表示3是int类的实例。我们在1.2.1小节中讲过Python是面向对象的语言。Python中所有的值都是对象，整数是int类的实例。

同样地，字符串是str类型的实例。

```
>>> type("hello") Enter
<class 'str'>
```

使用type()函数，也可以查询已赋值的变量的类型。

```
>>> f = 3.14 Enter
>>> type(f) Enter
<class 'float'>
```

2 运行 Python 程序文件

2.1节讲述了使用Python的交互模式是直接执行命令和算式的。本节讲述把程序保存到文本文件中并运行的方法。

↘ 重点在这里

- ✓ Python 程序的扩展名是 .py
- ✓ "#" 以后到行末尾的内容被当作注释
- ✓ 在命令行中运行程序的方法是：
  - Windows 中 "Python 程序文件的路径" 按 Enter 键
  - macOS/Linux 中 "Python 3 程序文件的路径" 按 Enter 键
- ✓ """ 与 """ 包围起来的范围被当作多行注释

[2.2.1　使用编辑器编写程序]

首先使用文本编辑器编写程序文件。下面通过一个简单的程序进行讲解，把名字和年龄赋给变量，然后用print()函数显示结果。

Sample hello.py

```
# 第一个Python程序
name = "山田太郎" # 名字
age = 25 # 年龄

print("你好")
print("我的名字是" + name + "。")
print(str(age) + "岁")
```

程序文件的扩展名是 .py

Python程序文件的扩展名是.py，如把文件保存为Document\Python\hello.py。在IDLE编辑器中编写代码，从File菜单中选择New File，会出现空白的编辑器。代码编写完成后，再从File菜单中选择Save，保存到适当的文件夹中。

使用IDLE编辑器编写代码文件

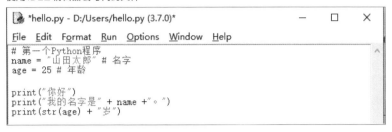

使用其他编辑器（如Atom等）编写代码的情况，请设定文字编码为UTF-8。

程序文件中的换行符有规定吗？

换行符在macOS/Linux系统中是LF，在Windows系统是CR+LF。Python程序文件中使用哪一个都能正常运行。

在文本文件中编写的程序，按从上到下的顺序执行，接下来说明一下重点部分。

关于注释

程序中用于解释说明的内容称为"注释"。注释的部分在运行代码时会被忽略。在Python中，"#"后面一直到行尾的内容都被当作注释。

在添加注释时，"#"的后面通常要留一个半角空格，接着写注释内容。这种一直到行尾的注释，称为"行内注释"。

代码"age = 25 # 年龄"的下面有空行。

空行在执行时会被忽略。只是为了便于阅读和理解才加入了适当的空行。Python中的缩进起着特殊的作用，要注意代码行的开头不要随意加入空格。

向变量赋值

下面的两行代码，把字符串"山田太郎"赋给变量name、把整数值25赋给变量age。

```
name = "山田太郎" # 名字
age = 25 # 年龄
```

用print()函数显示值

下面的程序使用print()函数显示值。

```
print("你好")    ←❶
print("我的名字是" + name + "。")    ←❷
print(str(age) + "岁")    ←❸
```

❶的功能是显示"你好"这个字符串。

❷的功能是把3个字符串用"+"运算符连接。

❸的功能是将变量age的值和字符串"岁"连接并显示。

❸的参数使用"age+"岁""这样连接更方便呀！

不行不行！变量age的值是整数，这样连接的话一定出现错误。因此要先用str()函数将变量age转换为字符串后再显示。

语句的结束是什么

程序中的一句命令，称为"语句"。Python中每一行代码都是一条语句。

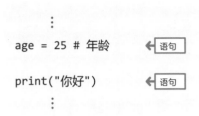

```
age = 25 # 年龄        ◀─ 语句

print("你好")          ◀─ 语句
```

不推荐的做法是在一行中书写多条语句。这种情况下，语句之间用分号隔开。可以在交互模式下尝试一下。

```
>>> print("Hello"); print("Python") Enter
Hello
Python
```

一行中只有一条语句的时候，最后也能添加分号吗？

```
print("你好");
```

也可以呀。要求语句末尾必须加分号的编程语言也有。但是，语句结尾不写分号是Python的一贯做法。

[2.2.2　在IDLE中运行程序文件]

把程序保存为文件后再运行的方法有好几种，首先讲解在IDLE中运行程序文件的方法。

1 在IDLE编辑器中程序处于显示的状态下，从Run菜单中选择Run Module。

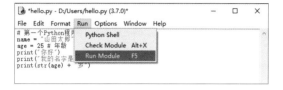

2 运行结果显示在Python Shell窗口中。

运行结果

运行已经保存了的程序文件

对于已经保存了的程序文件，或者使用其他编辑器制作的Python程序文件，要在IDLE中执行，从File菜单中选择Open，打开选择了的文件，再从Run菜单中选择Run Module即可。

[2.2.3 在命令行中运行程序文件]

接下来，讲解在命令行中直接运行Python程序文件的方法。实际上这个方法是正规的运行方法。这里以Windows的PowerShell、Mac的终端为例进行讲解。

在Windows的PowerShell中运行

Documents文件夹下的PythonProgs文件夹中保存着hello.py的程序文件。下面演示如何运行这个文件。

1 打开PowerShell（或者命令提示符窗口），切换到保存程序文件的目录下。切换路径的命令是"cd 目标路径"，路径的分隔符是\（或￥）。

```
C:¥Users¥o2> cd Documents¥PythonProgs  Enter
```

2 使用如下方式执行python命令。

```
python 程序文件的路径  Enter
```

运行当前路径下的hello.py，操作如下。

```
C:¥Users¥o2¥Documents¥PythonProgs> python hello.py  Enter
我的名字是山田太郎。
25岁
```

保存到层级很深的路径，切换到那里很麻烦呀。

确实是，可以从文件浏览器中把文件夹拖放到命令提示符窗口中，简单地指定当前路径。

1 在PowerShell中输入cd。

2 从文件资源管理器中把目标文件夹拖放到命令提示符窗口中。

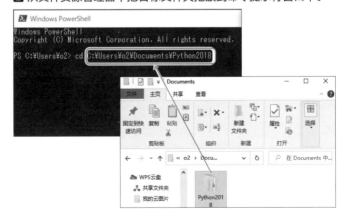

这样就很方便了！

在Mac的终端运行

Documents 文件夹下的 PythonProgs 文件夹中保存有 hello.py，下面演示执行该文件的方法。

1 打开终端，切换到保存程序的路径。切换路径使用"cd 目标路径"的命令。此时路径分隔符使用"/"。

```
imac2:~ o2$ cd Documents/PythonProgs Enter
```

2 使用如下形式执行 python3 命令。

```
python3 程序文件的路径 Enter
```

例如，要执行当前路径下的 hello.py，操作如下。

```
imac2:PythonProgs o2$ python3 hello.py Enter
我的名字是山田太郎。
25岁
```

我是 macOS 系统，在 Mac 中也可以从 Finder 中拖放文件夹，自动输入路径吗？

可以呀。和 Windows 系统一样，只输入 cd，然后从 Finder 拖放文件夹即可。

命令名不是 python，而是 python3，这一点必须要注意。

Windows 的 PowerShell、Mac 或 Linux 的终端，如果善于使用这些，日常操作会方便很多。有兴趣的话通过网络资料或其他参考书学习一下更好。

※ 参考书籍
《Windows PowerShell クックブック》（オライリージャパン）
《これから学ぶmacOSターミナル》（インプレス）
《6日間で楽しく学ぶLinuxコマンドライン入門》（インプレスR&D）

2.2.4　什么是多行注释

本小节讲解多行注释的输入方法。Python中没有JavaScript那样的用于表示多行注释的方法。取而代之的是书写3个双引号或单引号，其中包含的多行的部分被当作注释。

```
"""
    这是注释
    这是注释
"""
```

上面是表示多行注释的格式，其不会对程序的执行造成影响。让我们在交互模式下试一下。

```
>>> """ [Enter]
... 你好 [Enter]
... 再见 [Enter]
... """ [Enter]
'\n你好\n再见\n'   ← 显示的字符串
```

从第2行开始提示符变成了"..."。

是的。在交互模式下，输入的注释如果是多行的，提示符会变成"..."。

结果中的"\n你好\n再见\n"里面的\n是什么呀？

\n是换行符。只是表示换行，实际上并没有换行。

与通常的字符串一样，也可以把多行字符串赋给变量。

```
>>> s = """ Enter
... 你好 Enter
... 再见 Enter
... """ Enter
>>> s Enter
'\n你好\n再见\n'
```

※ "\n" 在Windows环境中显示为 "¥n"。

把变量s用print()函数显示，可以很好地实现换行效果。

```
>>> print(s) Enter

你好
再见
```

书写多行注释时，所有的注释前面都加上"#"可以吗？

```
# print("你好")
# print("我的名字是" + name + "。")
# print(str(age) + "岁")
```

可以呀。但是，注释的作用是在测试程序时，让一部分代码不要运行。如果不想让运行的代码范围很大，在前后加上"""的这种方法更简单。

```
"""
print("你好")
print("我的名字是" + name + "。")
print(str(age) + "岁")
"""
```

> """这样的注释，也被称为"文档注释"。用于类和方法的摘要说明部分。使用pydoc工具，可以把文档注释抽取出来形成HTML文件保存。

使用Atom编辑器运行Python程序

使用Atom编辑器的情形下，通过安装atom-runner这样的包，可以运行编辑器中正在编辑的Python程序。运行结果显示在底部的面板中。快捷键是Alt+R（Windows）、Ctrl+R（Mac）。

Atom编辑器执行程序

如果遇到乱码的情况，从"文件"菜单中选择"启动脚本"，打开初始设定文件init.coffee，追加如下设定：

```
process.env.PYTHONIOENCODING = "utf-8";
```

但是，atom-runner不能通过input()函数接收用户的输入。

3 : 对象和数据类型的
基本操作

Python被称为"面向对象语言"。本节首先讲述在对象中预先设置的方法的用法，然后讲述用于整理一系列数据的列表和元组的基本操作。在实际操作的同时进行学习。

↘ 重点在这里

✓ 字面量是程序中描述的值
✓ 构造函数是生成实例的函数
✓ 使用 1 个变量名和索引管理多个值的列表和元组
    ● 生成列表的语法格式：[元素 1, 元素 2, 元素 3,…]
    ● 生成元组的语法格式：(元素 1, 元素 2, 元素 3,…)
✓ 元组的元素，后期不可变更

[2.3.1 理解类、实例、方法、属性的概念]

1.2.1 小节中多少涉及了一些面向对象语言，把表示对象的雏形的东西称作"类"，把从类中生成的实际的对象称作"实例"。

实例和方法之间使用句点连接

要执行实例的方法，书写格式是在实例和方法之间用句点连接。

调用实例的方法的格式

> 实例.方法（参数1,参数2）

访问属性时，也是在实例与属性之间用句点连接。

访问属性的格式

实例.属性

例如，从ToyCar这样的类中生成实例my_car，可以使用如下形式访问它的方法和属性。

访问ToyCar类的实例my_car的方法和属性

my_car

ToyCar类

实例

访问方法
my_car.move(30)
my_car.stop()

访问属性
my_car.color
my_car.battery

方法
move()：前进
stop()：停止

属性
color：颜色
battery：电池剩余电量

方法和函数有区别吗？

认为基本相同也没关系。通常把与对象有联系的函数称作"方法"。

那么，把与对象有联系的变量称作"属性"，也应该可以吧。

没错。但是，并不是所有的对象都具备了方法和属性。例如，本节所述的字符串、整数、列表等对象基本上没有属性。

2.3.2　整数和字符串也是对象

Python中所有的数据都是对象，数值和字符串也作为对象来处理。例如，整数值是int类的实例、字符串是str类的实例。

理解字面量

大多数的类，生成实例时会使用所谓的"构造函数"这种特殊的函数。但是，对于数值和字符串等基本类型，不使用构造函数就能生成实例。

把数值或字符串作为值来使用就会成为实例。下面的例子把整数值"55"赋给变量num。

字面量

```
num = 55
```
字面量是其本身

右边的"55"就是整数值55。这种在程序中描述的值就是其本身，称作"字面量"。

同样地，字符串使用双引号括起来表示字面量。下面的例子，把字符串Python赋给变量s。

```
s = "Python"
```

这样就生成了str类的实例"Python"。

执行字符串的方法

下面看一个将字符串作为对象操作的例子。str类中，有一个用于把小写字母转换为大写的upper()方法。

方　法

upper()

参　数
无

返回值
转换为大写的字符串

说　明
将英文小写字母转换为大写字母

　　例如，将"Hello"转换为大写之后赋给变量str1，用print()函数把它的值显示出来，操作如下。

```
>>> str1 = "Hello".upper() [Enter]
>>> print(str1) [Enter]
HELLO
```

　　这个例子中"Hello"这样的字面量书写的字符串，也就是执行了str类的实例的方法。

执行字符串字面量的upper()方法

> "Hello".upper() ⟶ "HELLO"
> 字面量　　方法

　　通常的做法是，把实例赋给变量，然后调用它的方法。

执行存储实例的变量的方法

> 变量名.方法()

　　与upper()方法相反，将大写字母转换为小写字母的方法是lower()。

方 法

lower()

参 数
无

返回值
小写形式的字符串

说 明
将英文大写字母转换为小写字母

使用这个方法，可以把存储字符串 "PYTHON" 的变量 str2 转换为小写，并赋给变量 str3，操作如下。

```
>>> str2 = "PYTHON" Enter
>>> str3 = str2.lower() Enter
>>> print(str3) Enter
python
```

字符串中的大写转换为小写，小写转换为大写，可以同时实现吗？

可以使用 swapcase() 方法。

```
>>> "aBCdeFG".swapcase() Enter
'AbcDEfg'
```

有很多的方法呀！

是的。不能立即记住和理解全部的话，有时间的时候看一下在线文档会更好。文档的用法稍后讲解。

接收参数的方法

upper()和lower()方法都没有参数。但是，有很多和print()函数一样可以接收若干个参数的方法。

例如，center()方法用于把字符串按照参数 width 指定的宽度居中对齐。

方　法

center(width[，fillchar])

参　数
width：宽度
fillchar：填充用字符

返回值
居中对齐的字符串

说　明
将字符串按参数width指定的宽度居中对齐，用参数fillchar指定的字符填充左、右边距

下面是一个例子。

```
>>> str1 = "恭贺新年" Enter
>>> str2 = str1.center(10, "-") Enter
>>> print(str2) Enter
---恭贺新年---
```

center()方法的格式中，[,fillchar]部分，为什么用[]括起来?

表示这部分可以省略。center()方法的第二个参数fillchar可以省略，如果不指定的情况，则默认使用空格进行填充。

```
>>> "UFO".center(10) Enter     ← 参数fillchar被省略
'   UFO    '
```

[2.3.3 生成实例的构造函数

将字符串（str类）和整数值（int类）按字面量使用就可以简单地生成实例。

```
>>> num = 4        ←  将int()类的实例4赋给变量num
>>> s = "田中一郎"   ←  将str类的实例"田中一郎"赋给变量s
```

但是，使用字面量生成实例，适用的数据类型非常有限，多数的对象使用"构造函数"这种特殊的函数来生成实例。构造函数的名字与类名相同。使用字面量生成的字符串和数值，也属于构造函数。例如，在2.1.7小节的"整数值转换为字符串"中，将数值转换为字符串时使用了str()函数。

str()函数是str类的构造函数

```
>>> s1 = str(10)
              │
          str构造函数
```

这个str()函数，其实就是str类的构造函数。把参数中接收的值转换成字符串，也就是生成了str类的实例。

同样地，把字符串转换为整数的int()函数，是int类的构造函数。

int()函数是int类的构造函数

```
>>> num = int("55")
                │
           int()构造函数
```

[**2.3.4** 统一管理一系列数据的列表和元组]

接下来，介绍 Python 内置的列表（list）类型。列表，通过使用 1 个变量名和称作"索引"的序号来管理一系列数据。

使用字面量描述列表

列表可以像数值、字符串一样，使用字面量生成。方括号内的各个元素用逗号隔开，并按顺序排列。

列表的格式

> 列表名 = [元素1，元素2，元素3，...]

列表的元素，可以是数值、字符串或其他的对象。下面的例子，生成用于容纳 4 个人的年龄的列表，并赋给变量 ages。

```
>>> ages = [15, 14, 12, 11] Enter
>>> print(ages) Enter
[15, 14, 12, 11]
```

如果不使用 ages 列表，准备 age1、age2、age3、age4、age5 这 5 个变量，容纳各自的年龄，也是一样的吧？

是一样的。如果想管理更多人的年龄，必须使用更多的变量。

确实是啊，如果想管理 1000 人的年龄，必须得准备 1000 个变量呀！

列表和 JavaScript 中的数组是一样的东西吗？

认为一样也没关系。但是使用的方法是不一样的。

访问列表的元素

采用如下方式访问列表的元素。

访问列表的元素

```
变量名[索引]
```

最开始的元素的索引是0。下面的例子访问ages列表的首个元素和第3个元素。

```
>>> ages = [15, 14, 12, 11]  Enter
>>> ages[0]  Enter      ← 表示首个元素
15
>>> ages[2]  Enter      ← 表示第3个元素
12
```

向列表的元素赋值，可以修改值。下面的例子修改第2个元素的值。

```
>>> ages[1] = 3  Enter      ← 把第2个元素修改为3
>>> ages[1]  Enter
3
```

要取出列表中的元素，必须事先把列表赋给变量吗？

没必要。在表示字面量的列表后面直接指定索引也行。

```
>>> [1, 2, 5, 6][2]  Enter
5
```

但是，这样使用列表就没意义了。

从最后的元素指定索引

索引使用负数，可以指定最后的元素。

指定元素

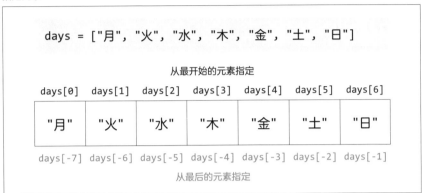

```
>>> days = ["月", "火", "水", "木", "金", "土", "日"]  Enter
>>> days[3]  Enter        ← 从开始处指定索引
'木'
>>> days[-4]  Enter       ← 从结尾处指定索引
'木'
```

向列表中追加元素

由于编程语言的不同，通常不能变更列表的元素总数，但是Python的列表可以自由追加元素。例如，在列表最后追加元素，可以使用append()方法。

方 法

append(x)

参 数
x：要追加的元素

返回值
无

说 明
在列表最后追加参数x指定的元素

下面向元素总数为3的列表seasons的最后追加"冬"。

```
>>> seasons = ["春", "夏", "秋"] Enter
>>> seasons.append("冬") Enter
>>> seasons Enter
['春', '夏', '秋', '冬']
```

获取列表的元素总数

使用len()函数可以获取列表的元素总数。

函 数
◆◆◆◆◆◆◆◆◆◆◆◆◆◆

len(lst)

参 数
lst：列表或元组
返回值
元素总数
说 明
获取列表或元组中元素的数量
◆◆◆◆◆◆◆◆◆◆◆◆◆◆

```
>>> days = ["月", "火", "水", "木", "金", "土", "日"] Enter
>>> len(days) Enter
7
```

最后一个元素的索引是"len()函数的值-1"。

```
>>> days[len(days) - 1] Enter
'日'
```

元素总数不是属性。

是的。在JavaScript中要获取数组的元素总数，不是使用len()函数，而是使用length属性。不过，想要用len()函数指定最开始的元素，怎么办才好？

把len()函数的返回值加个负号……

```
>>> days[-len(days)] Enter
'月'
```

原来如此!

删除列表中的元素

删除列表中的元素的方法有好几个。这里讲解del这个方法。

删除列表中的元素

```
del 列表中的元素
```

下面演示从列表seasons中删除索引为1的元素。

```
>>> seasons = ["春", "夏", "秋", "冬"] Enter
>>> del seasons[1] Enter
>>> seasons Enter
['春', '秋', '冬']
```

后期不能修改的元组

与列表相同，使用名称和索引统一管理数据的另一个类型是元组。与列表不同的是，元组生成后不能追加、修改、删除元素。使用字面量生成元组的格式如下。

元组的格式

```
变量名 = (元素1，元素2，元素3，...)
```

访问元组的元素，方法与列表相同。

访问元组的元素

```
元组[索引]
```

下面演示生成元组并显示第2个元素（索引是1）的方法。

```
>>> countries = ("美国", "日本", "中国", "英国") Enter
>>> countries[1] Enter
'日本'
```

 列表使用[]、元组使用()把元素包围起来，对吧？

是的。实际上，使用()是很明显地表达元组。不用圆括号的情形也很多。

```
>>> countries = ("美国", "日本", "中国", "英国") Enter
```

▼ ()省略

```
>>> countries = "美国", "日本", "中国", "英国" Enter
```

与列表不同，元组生成后不能修改元素。如果代入其他的值，会产生错误。

```
>>> countries[2] = "西班牙" Enter    ← 计划修改第3个元素
Traceback (most recent call last):
  File "<stdin>", line 1, in <module>
TypeError: 'tuple' object does not support item assignment
```

最后一行是错误信息。TypeError是数据类型错误，表示不能修改元组（tuple）中的元素。

有列表的话，元组没什么用啊？

元组用于不希望修改的数据时很方便呀。由于操作失误把元素修改了会产生错误。另外，元组在性能上比列表更加优良。

元组与列表的相互转换

根据需要，元组与列表之间可以进行转换。此时，使用tuple()构造函数与list()构造函数即可。

使用tuple()和list()构造函数实现相互转换

["春", "夏", "秋", "冬"] ──tuple()──► ("春", "夏", "秋", "冬")
　　　　　　　　　　　　 ◄── list() ──

在交互模式下试一下。

```
>>> t = ("春", "夏", "秋", "冬") Enter    ← 生成元组
>>> l = list(t) Enter    ← 转换为列表
>>> l Enter
['春', '夏', '秋', '冬']    ← 转换了的列表
>>> type(l) Enter    ← 使用type()函数确认
<class 'list'>    ← 变成了列表
```

列表可以操作元素

元组不能操作元素

列表

元组

变量的命名规则

在Python中，变量和函数的名称能使用的内容包括半角英文、数字、下划线。但是，不能以数字开头。另外，以下的Python关键字不能作为变量名。

不能作为变量名

```
False       class       finally     is          return
None        continue    for         lambda      try
True        def         from        nonlocal    while
and         del         global      not         with
as          elif        if          or          yield
assert      else        import      pass
break       except      in          raise
```

Python程序有一个编码规则，称为PEP-8。据此，变量名或函数名全部使用小写形式。如果使用多个单词，建议使用下划线将单词隔开。

推荐的变量名示例

```
age
year3
your_name
my_first_car
```

4 : 使用模块

Python本身的功能比较简单，当然不只如此，它还具有各种各样的标准模块。模块中包含着函数和类。根据需要把这些模块加以运用，可以开发出效率高、可读性高的程序。

重点在这里

✓ 用于导入模块的 import 语句
✓ 省略的参数将使用参数的默认值
✓ 按"参数名＝值"这种形式调用关键参数
✓ 读取来自键盘输入的字符串的 input() 函数

[2.4.1 模块在什么场合下使用比较便利]

灵活运用模块，能实现复杂的计算和便利的功能。例如，想要在程序中计算某个值的平方根，使用具有科学计算功能的math模块中的sqrt()函数可以很简单地实现。

计算平方根，使用math模块中的sqrt()函数

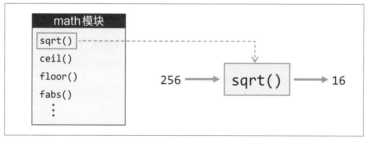

另外，如果想显示某个月的日历，自己来制作这样的程序虽然是可能的，但是使用calendar模块中的TextCalendar这一个专用类，可以很简单地显示出指定月份的日历。

calendar模块中的TextCalendar类

原来如此,善于使用模块的话,各种麻烦的处理都可以简单地实现。

是的。如果熟悉了Python编程,经常考虑如何灵活运用模块是非常重要的。

[2.4.2 导入模块]

要使用模块中具有的功能,有必要事先进行"导入"。Python中使用import语句导入模块。

模块的导入

```
import 模块名
```

使用如下方式调用导入模块中的函数。

调用模块中的函数

```
模块名.函数名(参数1, 参数2, ...)
```

使用math模块中的函数

要使用math模块中的平方根函数sqrt()，示例代码如下。

```
>>> import math  Enter        ← 首先导入math模块
>>> math.sqrt(9)  Enter       ← 执行sqrt()函数
3.0
```

模块中不只包含函数，作为常数使用的数值也可以通过变量来使用，访问方式如下。

访问模块的变量

```
模块名.变量名
```

math模块中有在若干数值运算中经常用到的几个常数，如圆周率pi。

```
>>> math.pi  Enter
3.141592653589793
```

另外，使用pow()函数可以返回x的y次方。

函　数
◆◆◆◆◆◆◆◆◆◆◆◆◆◆◆◆

pow(x，y)

参　数
x：底数
y：指数

返回值
float型的数值

说　明
计算x的y次方

◆◆◆◆◆◆◆◆◆◆◆◆◆◆◆◆

使用pi和pow()函数，计算半径为5的圆的面积，如下所示。

```
>>> math.pi * math.pow(5, 2) Enter
78.53981633974483
```

 圆的面积的计算公式是"圆周率 × 半径的2次方"。使用 "math.pow(5,2)"求出半径的2次方，然后乘以圆周率，对吧？

是的。如果不使用pow()函数，使用**运算符也可以呀。

```
>>> math.pi * (5 ** 2) Enter
78.53981633974483
```

做法很多。不过，像math.pi这样的常数值，程序中难以变更。在JavaScript中，const关键字表示不可变更，Python中有这样的功能吗？

Python中没有不可变更的功能。如下所示，即使把其他数值代入math.pi这样的数学常数中，也不会出错，需要注意。

```
>>> math.pi = 4 Enter
>>> math.pi Enter
4
```

实际上能够处理常数的，还有一些外部模块。姑且可以认为Python不能使用真正的常数。

从模块中导入指定的部分

使用如下形式的import语句，可以只导入模块中指定的函数、类、变量。

从模块中导入指定的函数、类、变量

```
from 模块名 import 元素1, 元素2, ...
```

这样做的话，导入的函数不需要使用"模块名.函数名(参数1,参数2,...)"的调用方式，可以使用"函数名(参数1,参数2,...)"。

例如，导入math模块中的sqrt()函数和变量pi，操作如下。

```
>>> from math import sqrt, pi Enter
>>> num = 4 Enter
>>> sqrt(num) Enter
2.0
>>> pi * num Enter
12.566370614359172
```

访问模块中所有的部分，使用如下形式。

```
from 模块 import *
```

这个*号，常常用作编程语言中的通配符。

这种用法很好呀！

```
>>> from math import * Enter
>>> sqrt(9) Enter
3.0
```

这样可以直接调用模块中的所有函数，非常简单！

但是，如果程序中定义了相同名称的函数、变量，名称冲突会造成值的覆盖，使用时需要注意。

2.4.3 导入calendar模块的类

math模块中定义了数值运算用的函数、常数。与之相对的具有对象雏形的类的模块也有，下面以calendar模块为例，说明其用法。

调用模块的构造函数

从类中生成实例使用构造函数。构造函数与类的名称相同。采用如下方式调用导入的模块中类的构造函数。

调用导入的模块的构造函数

```
模块名.类名(参数1，参数2，...)
```

使用TextCalendar类

以显示、制作日历用的calendar模块为例，讲解模块中类的使用方法。calendar模块中具有可以把日历显示为文本格式的TextCalendar类。使用这个类显示2019年1月的日历。

Sample cal1.py

```
import calendar  ←❶

cal = calendar.TextCalendar()  ←❷
cal.prmonth(2019, 1)  ←❸
```

❶中，导入calendar模块。
❷中，使用构造函数生成TextCalendar类的实例，并将生成的实例赋给变量cal。

```
cal = calendar.TextCalendar()
                    ↑
        TextCalendar()构造函数
```

❸中，执行cal变量的prmonth()方法。

方 法

prmonth(theyear, themonth)

参 数
theyear：年
themonth：月

返回值
无

说 明
显示参数中指定年月的日历

运行结果

```
    January 2019
Mo Tu We Th Fr Sa Su
    1  2  3  4  5  6
 7  8  9 10 11 12 13
14 15 16 17 18 19 20
21 22 23 24 25 26 27
28 29 30 31
```

使用对象时，首先用构造函数生成实例，然后执行方法，对吧？

对的。你已经慢慢理解了对象的用法了。

　　prmonth()方法用于把日历显示在屏幕上，TextCalendar类中还有用于把日历返回成字符串的formatmonth()方法。

方 法

formatmonth(theyear, themonth)

参 数
theyear：年
themonth：月

返回值
字符串形式的日历

说 明
显示参数中指定年月的日历

接下来，将cal1.py修改为使用formatmonth()方法。

Sample cal2.py

```python
import calendar

cal = calendar.TextCalendar()
str1 = cal.formatmonth(2019, 1)    ←①
print(str1)    ←②
```

①中，生成2019年1月的日历的字符串，赋给变量str1。
②中，显示结果。

运行结果

```
    January 2019
Mo Tu We Th Fr Sa Su
    1  2  3  4  5  6
 7  8  9 10 11 12 13
14 15 16 17 18 19 20
21 22 23 24 25 26 27
28 29 30 31
```

[2.4.4 操作文档很重要]

　　Python的标准库中有很多的模块，但是要记住所有模块的用法是不可能的。Python文档中的内容丰富，根据需要参考这些文档，再进行确认是很重要的。

※ 请在网络中参考与你安装Python版本对应的文档。

Python文档

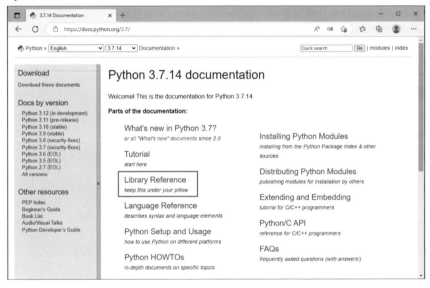

　　单击Library Reference即可显示标准库文档。

查看calendar模块的文档

　　下面显示了calendar模块中TextCalendar类文档的一部分。据此讲解一下Python文档的基本阅读方法。

calendar模块的TextCalendar类文档

参数的默认值

❶的部分是构造函数的说明。

构造函数的说明　　　　　　　　参数的默认值0

```
class calendar.TextCalendar(firstweekday=0)
    用于生成纯文本的日历。
```

参数设置为firstweekday=0。"参数名=值"这种写法表示该参数有默认值。在没有指定参数的情况下，将使用默认值（firstweekday的默认值是0）。

firstweekday用于指定一周从星期几开始。默认值0表示从星期一开始，6表示从星期日开始。

在交互模式下试一下。

```
>>> import calendar Enter
>>> cal = calendar.TextCalendar() Enter     ← 不指定参数时，从星期一开始
>>> cal.prmonth(2000, 1) Enter
    January 2000
Mo Tu We Th Fr Sa Su
                1  2
 3  4  5  6  7  8  9
10 11 12 13 14 15 16
17 18 19 20 21 22 23
24 25 26 27 28 29 30
31
>>> cal = calendar.TextCalendar(6) Enter     ← 从星期日开始
>>> cal.prmonth(2000, 1) Enter
    January 2000
Su Mo Tu We Th Fr Sa
                   1
 2  3  4  5  6  7  8
 9 10 11 12 13 14 15
16 17 18 19 20 21 22
23 24 25 26 27 28 29
30 31
```

❷中定义了formatmonth()方法。

❸中定义了prmonth()方法。下面是prmonth方法的定义。

prmonth()方法的定义

> **prmonth**(*theyear, themonth, w=0, l=0*)
> 用于输出从formatmonth()中返回的日历。

　　年和月的后面，还有两个带有默认值的参数。参数 w 用于指定宽度、l用于指定行高。下面的实例指定日历的宽度为4、行高为2。

```
>>> cal.prmonth(2000, 1, 4, 2) [Enter]
            January 2000

Mon  Tue  Wed  Thu  Fri  Sat  Sun

                            1    2

  3    4    5    6    7    8    9

 10   11   12   13   14   15   16

 17   18   19   20   21   22   23

 24   25   26   27   28   29   30

 31
```

[2.4.5 函数的关键参数]

调用方法和函数时，不是直接指定参数，而是采用"参数名=值"这种
形式，这种形式称为"关键参数"。prmonth()方法中的第一个参数theyear
用于指定年、第二个参数themonth用于指定月。

```
>>> cal.prmonth(2000, 1) [Enter]
    January 2000
Mo Tu We Th Fr Sa Su
                1  2
 3  4  5  6  7  8  9
10 11 12 13 14 15 16
17 18 19 20 21 22 23
24 25 26 27 28 29 30
31
```

下面，把参数theyear、themonth写成关键参数的形式。

```
>>> cal.prmonth(theyear=2000, themonth=1) Enter
    January 2000
Mo Tu We Th Fr Sa Su
                1  2
 3  4  5  6  7  8  9
~略~
```

这个很容易理解呀，表示哪一个参数一目了然。

这种情况下，改变参数的顺序也没问题。

```
>>> cal.prmonth(themonth=1, theyear=2000) Enter
    January 2000
Mo Tu We Th Fr Sa Su
~略~
```

但是，像下面这样在关键参数之后又指定普通参数，是错误的。

```
>>> cal.prmonth(theyear=2000, themonth=1, 4) Enter    错误
  File "<stdin>", line 1
SyntaxError: positional argument follows keyword argument
```

[2.4.6 从键盘读取字符串]

下面讲解读取用户从键盘输入的字符串的方法——使用input()函数。input()函数是Python的内置函数，不需要导入模块就能使用。

函　数

◆◆◆◆◆◆◆◆◆◆◆◆◆◆◆

input([prompt])

参　数

prompt：作为提示显示的字符串

返回值

读取的字符串

说　明

显示提示符并返回用户的输入

◆◆◆◆◆◆◆◆◆◆◆◆◆◆◆

　　在交互模式下试一下。下面演示使用input()函数接收输入的字符串，然后赋给变量s。

```
>>> s = input("名字: ") [Enter]
名字: 山田太郎 [Enter]
>>> s [Enter]
'山田太郎'
```

　　input()函数的返回值是字符串，这一点请注意。

　　下面的例子利用input()函数读取用户输入的年和月，并显示那个月的日历。

Sample cal3.py

```
import calendar

cal = calendar.TextCalendar()
year = input("请输入年: ") ←❶
month = input("请输入月: ") ←❷
cal.prmonth(year, month)
```

　　使用input()函数，❶中把年份赋给变量year，❷中把月份赋给变量month。

　　遗憾的是，程序不能正常运行。出现了如下的错误。

运行结果

```
请输入年: 2020 Enter
请输入月: 9 Enter
Traceback (most recent call last):
  File "cal3.py", line 6, in <module>
    cal.prmonth(year, month)
~略~
TypeError: list indices must be integers or slices, not str ←❶
```

❶中的TypeError是数据类型错误。列表的索引不是整数所以导致了错误。

input()函数的返回值是字符串。要使用形如 "2020" 这种字符串形式的数值, 就需要使用int()函数将其转换为整数。

Sample cal4.py

```
import calendar

cal = calendar.TextCalendar()
year = int(input("请输入年: ")) ←❶
month = int(input("请输入月: ")) ←❷
cal.prmonth(year, month)
```

❶中把年的值转换为整数再赋给变量year。需要注意, input()函数的返回值又被用作int()函数的参数。

将input()函数的返回值转换为整数

```
year = int(input("请输入年:"))
        ↑      ┌───────────┘
        │      ① 年的值以字符串的形式输入
        │  ② 转换为整数
        └──┘
   ③ 赋给变量year
```

❷中同样地将月的值转换为整数后, 赋给变量month。

运行结果

```
请输入年: 2020 [Enter]
请输入月: 9 [Enter]
    September 2020
Mo Tu We Th Fr Sa Su
       1  2  3  4  5  6
 7  8  9 10 11 12 13
14 15 16 17 18 19 20
21 22 23 24 25 26 27
28 29 30
```

这样的话,用户如果输入了形如"Hello"这种无法转换为数值的字符串,就会出错吧?

```
请输入年: Hello [Enter]
Traceback (most recent call last):
  File "cal4.py", line 4, in <module>
    year = int(input("请输入年: "))
ValueError: invalid literal for int() with base 10: 'Hello'
```

是的。为了处理这种状况,可以使用"条件判断"语句,判断用户是否正确地输入了数值,或者有必要进行"异常处理"来捕获错误。

2.5 使用 turtle 玩吧

Python中具有一个适合编程入门的图形化模块 turtle（乌龟）。本书后面的示例中该模块会多次出现，本节讲解 turtle 模块最基本的用法。

重点在这里

- ✓ turtle 是 Python 标准的图形模块
- ✓ 使用 Turtle() 构造函数生成乌龟
- ✓ 使用 Screen() 构造函数生成窗口
- ✓ 可以生成多个 turtle 模块

[2.5.1 使用 turtle 模块]

turtle模块的用法很简单。对于乌龟，forward(50)表示前进150像素、right(90)表示向右旋转90°，使用简单的命令就可以绘图。

使用turtle模块绘图

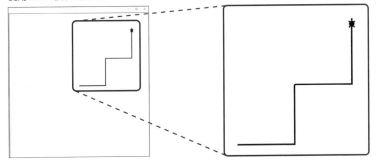

学习一下使用turtle的程序

实际看一下上图中运动的程序示例。

```
import turtle    ←❶

# 生成乌龟
my_turtle = turtle.Turtle()    ←❷
# 获取窗口
screen = turtle.Screen()    ←❸
# 设定窗口大小
screen.setup(800, 800)    ←❹
# 设定窗口标题
screen.title("乌龟")    ←❺
# 设定乌龟的形状
my_turtle.shape("turtle")←❻
# 设定笔的粗细
my_turtle.pensize(4)    ←❼

# 让乌龟动起来
my_turtle.forward(150)
my_turtle.left(90)
my_turtle.forward(150)
my_turtle.right(90)           ←❽
my_turtle.forward(150)
my_turtle.left(90)
my_turtle.forward(150)

screen.mainloop()    ←❾
```

生成乌龟的实例

❶中导入 turtle 模块。turtle 是 turtle 模块中具有的 Turtle 类的实例。

❷中使用了 Turtle() 构造函数，生成 Turtle 的实例后赋给变量 my_turtle。

```
my_turtle = turtle.Turtle()
```

变量名my_turtle不要写成turtle。

为什么呢?

那样的话，模块名turtle和变量名turtle就冲突了，造成模块中使用的命令无法执行。

获取窗口

使用Screen()类的实例的方法设定窗口的尺寸、标题等。

❸中的Screen()类的实例生成后，赋给变量screen。

```
screen = turtle.Screen()
```

❹中的setup()方法，用于设定窗口的宽度和高度。

```
screen.setup(800, 800)
```
宽度　高度

本书的样例是在1440×900像素的分辨率下验证的。如果使用更小的显示器，窗口可能超过屏幕，请把setup()方法的宽度和高度改小。

另外，❺中的title()方法用于设定窗口的标题。

```
screen.title("乌龟")
```

setup()方法必须要执行吗?

不是的。看一下文档就知道了，窗口默认尺寸是屏幕宽度的一半、高度的75%。

设定乌龟的形状和画笔的形状

　　turtle模块有几个内置的乌龟的形状，❻中的shape()方法可以更改乌龟的形状。这里选择的是turtle（乌龟的图标）。

```
my_turtle.shape("turtle")
```

乌龟的形状有几个？

有6个。

乌龟的形状

设定值	形状	
arrow	箭头1	▶
turtle	乌龟	🐢
circle	圆	●
square	正方形	■
triangle	三角形	◥
classic	箭头2（默认）	➤

❼中使用了pensize()方法设定笔的粗细为4像素。

```
my_turtle.pensize(4)
```

让乌龟动起来

初始状态,乌龟位于屏幕的中央,方向朝右,处于静止状态。❽是实际地让乌龟动起来,沿着画线的部分前进。forward()方法是按照现在乌龟的朝向, 以指定的像素数前进,left()方法是以指定的角度向左旋转,right()方法是向右旋转。

```
my_turtle.forward(150)        ← 向前150像素
my_turtle.left(90)            ← 左转90°
my_turtle.forward(150)        ← 向前150像素
my_turtle.right(90)           ← 右转90°
my_turtle.forward(150)        ← 向前150像素
my_turtle.left(90)            ← 左转90°
my_turtle.forward(150)        ← 向前150像素
```

乌龟只能向前移动,不能向后移动吗?

与forward()方法相反,使用back()方法可以让乌龟向后移动。

```
my_turtle.back(100)
```

关于事件循环

在GUI的程序中,鼠标的点击、键盘的敲击都会发生事件。等待事件的发生并进行处理的机制称为"事件循环"。

❾中Screen类的mainloop()方法用于在事件循环中等待输入。

```
screen.mainloop()
```

这个例子中没有处理特别的事件，但是如果没有这个，程序会立即终止，窗口被关闭，一定要注意。

另外，如果不使用mainloop()方法，而是使用exitonclick()方法，当用户点击鼠标时，程序就会终止。

可以改变乌龟移动的速度吗？

可以呀。使用Turtle类的speed()方法即可。

```
my_turtle.speed(3)
```

参数可以设定为0～10之间的整数值。1是最慢、10是最快。需要注意的是，设置为0时，可以改变乌龟的朝向，但一边移动一边画线的动画就没有了。

[2.5.2　颜色的设定和填充]

之前，我们学习了turtle模块基本的用法。接下来，讲解Turtle类具有的方法。

首先，设定颜色。设定笔的颜色用的是pencolor()方法、设定填充色用的是fillcolor()方法。参数是brown、yellow之类的表示颜色的字符串，或者用 #33FFBC、#RRGGBB 这种格式的字符串指定颜色。 另外， 使用begin_fill()方法和end_fill()方法指定填充范围。

笔的颜色和填充色的设定范例

看一下下面的示例代码。

Sample turtle25-2.py（一部分）

```
# 设定颜色
my_turtle.pencolor("green")
my_turtle.fillcolor("red")          ←❶

# 让乌龟动起来
my_turtle.forward(150)
my_turtle.left(90)
my_turtle.forward(150)
my_turtle.begin_fill() # 开始填充    ←❷
my_turtle.right(90)
my_turtle.forward(150)
my_turtle.left(90)
my_turtle.forward(150)
my_turtle.end_fill() # 终止填充       ←❸
screen.mainloop()
```

❶中笔的颜色指定为绿色、填充色指定为红色。

❷中的begin_fill()方法执行后，开始填充颜色。

❸中的end_fill()方法执行后，终止填充。❷和❸之间使用红色填充。

运行结果

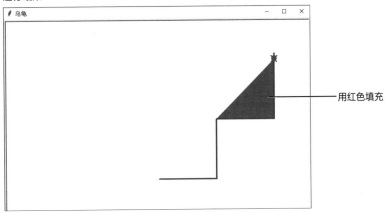

用红色填充

用 #RRGGBB 表示颜色，你知道吗？

知道。与在 HTML 中指定颜色时是一样的。红（Red）、绿（Green）、蓝（Blue）使用 00 ~ FF 之间的十六进制数表示。

```
my_turtle.pencolor("#3456FF")
```

屏幕的背景色可以修改吗？

可以，使用 Screen 类的 bgcolor() 方法即可。

```
screen.bgcolor("yellow")
```

[2.5.3　笔的上下移动]

使用乌龟绘制图形比较简单。笔向下移动时绘制轨迹、向上移动时不绘制。默认情况下笔是向下的。

笔的上下移动是通过 Turtle 类的如下方法实现的。

让笔上下移动的方法

方法	说明
penup()	向上移动
pendown()	向下移动

看一下下面的示例代码。

Sample turtle25-3.py（一部分）

```
# 让乌龟移动
my_turtle.forward(100)
my_turtle.left(90)
my_turtle.penup()      ←❶
my_turtle.forward(100)
my_turtle.pendown() ←❷
my_turtle.right(90)
my_turtle.forward(100)
my_turtle.left(90)
my_turtle.forward(100)
my_turtle.end_fill()
screen.mainloop()
```

❶中执行penup()方法，让笔向上移动。

❷中执行pendown()方法，让笔向下移动。

运行结果

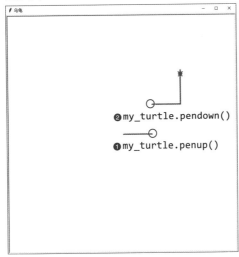

[2.5.4 让乌龟移动到指定的坐标

使用goto()方法，能让乌龟移动到指定的（x,y）坐标。

方 法

goto(x,y)

参 数
x : x坐标
y : y坐标

返回值
无

说 明
让乌龟移动到指定的坐标

窗口的中心，其坐标为（0,0）。

窗口尺寸是400×400像素的情况

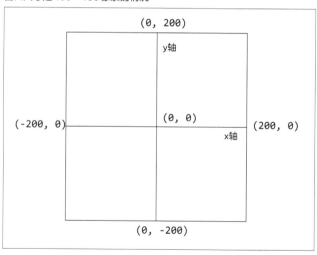

goto()方法与forward()方法一样，如果笔是朝下的则绘制轨迹，朝上则不绘制。另外，即使移动，乌龟的朝向也不发生变化。如下面的例子所示。

Sample turtle25-4.py（乌龟移动的部分）

```
# 让乌龟动起来
my_turtle.goto(200, 200)     ←❶
my_turtle.penup()
my_turtle.goto(0, 200)       ←❷
my_turtle.pendown()
my_turtle.goto(200, 0)       ←❸
my_turtle.forward(50)        ←❹
screen.mainloop()
```

❶中笔朝下移动到坐标（200,200）。

❷中笔朝上移动到坐标（0,200）。

❸中笔朝下移动到坐标（200,0）。

运行结果

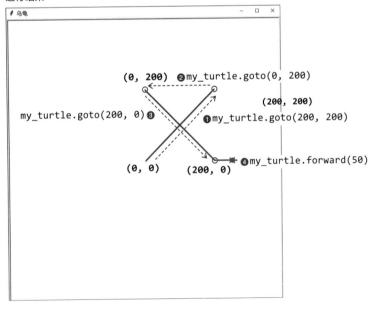

❸的 goto() 方法使乌龟朝着斜的方向移动，❹的 forward() 方法则使乌龟水平向右移动。

是的。执行 goto() 方法时，不改变乌龟的朝向。因此朝右前进。
另外，goto() 方法用 setpos() 或 setposition() 这样的名称也可以运行。

[2.5.5　绘制圆]

绘制圆使用 Turtle 类的 circle 方法。参数为指定的半径。这种情况下，按乌龟现在的朝向绘制向左旋转的圆。

通过 circle() 方法绘制圆

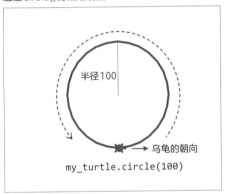

接下来，绘制 4 个半径为 100、1 个半径为 200 的圆。

Sample turtle25-5.py（一部分）

```python
# 让乌龟移动起来
my_turtle.circle(100)
my_turtle.right(90)
my_turtle.circle(100)
my_turtle.right(90)
my_turtle.circle(100)
my_turtle.right(90)
my_turtle.circle(100)
my_turtle.penup()
my_turtle.goto(100, 0)
my_turtle.pendown()
my_turtle.circle(200)
screen.mainloop()
```

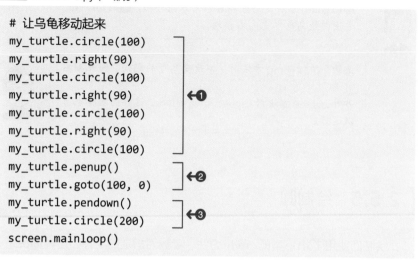

❶中按乌龟的朝向向右旋转90°，绘制4个半径为100的圆。

❷中笔的方向朝上移动到(100,0)。

❸中笔的方向朝下绘制半径为200的圆。

运行结果

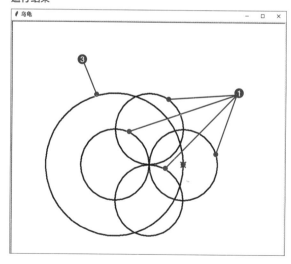

[2.5.6 生成多个乌龟

屏幕上显示的乌龟可以不止一个。通过多次执行Turtle()构造函数生成多个乌龟，可以让它们各自拥有自己的移动方式。

下面的例子生成两个乌龟。

Sample turtle25-6.py（一部分）

```
# 生成乌龟1
my_turtle1 = turtle.Turtle()    ←❶
my_turtle1.shape("turtle")
my_turtle1.pensize(4)
my_turtle1.pencolor("blue")

# 生成乌龟2
my_turtle2 = turtle.Turtle()    ←❷
my_turtle2.shape("triangle")
my_turtle2.pensize(4)
my_turtle2.pencolor("red")

my_turtle1.right(180)          ┐
my_turtle1.forward(200)        ┘←❸
my_turtle2.left(90)            ┐
my_turtle2.forward(200)        ┘←❹
```

❶中生成最初的乌龟，赋给变量my_turtle1。

❷中生成第二个乌龟，赋给变量my_turtle2。乌龟的形状指定为三角形。

❸中让my_turtle1向右旋转180°、向前移动200像素。

❹中让my_turtle2向左旋转90°、向前移动200像素。

运行结果

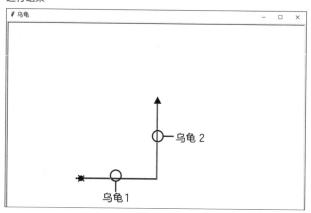

2.5.7　Turtle 类的基本方法

　　下面，总结一下 Turtle 类的基本方法。把之前的示例程序修改一下，
边玩边看。

Turtle 类的基本方法

方法	说明
forward(x)	前进 x 像素
back(x)	后退 x 像素
right(angle)	向右旋转 angle 度
left(angle)	向左旋转 angle 度
tilt(angle)	让乌龟从现在的角度向左倾斜 angle 度（乌龟的前进方向不变）
home()	返回到初始位置
circle(x)	绘制半径为 x 的圆
speed(s)	设定乌龟的运动速度（s 的范围为 0 ~ 10，为 0 时没有运动动画）
goto(x, y)	移动到坐标（x,y）
set(x)	设定 x 坐标
set(y)	设定 y 坐标

方法	说明
pensize(x)	设定线的粗细为x像素
shapesize(x)	设定乌龟的尺寸为x倍
shape(shape)	设定乌龟的形状
pencolor(color)	设定笔的颜色
fillcolor(color)	设定填充色
begin_fill()	开始填充
end_fill()	结束填充
penup()	笔朝上
pendown()	笔朝下

这里介绍的是非常基本的方法与参数。更详细的信息请参考Python官方文档。

 好的！

2.5
▼
使用turtle玩吧

3

理解条件判断和循环

　　在这之前的示例中，程序都是从上向下执行的。在更加真实的程序中，根据条件进行分别处理、对一系列的处理进行重复操作的控制结构也很常用。本章以 Python 中的流程控制结构为中心进行讲解。

3 1 用于选择性处理的 if 语句

不仅限于Python，在多数的编程语言中，都会使用if语句进行流程控制，根据条件对流程分别进行处理。

本节讲解if语句的基本用法。

↘ 重点在这里

✓ if 语句是"如果什么的话，就执行什么操作"

✓ if...else 语句是"如果具备某条件，就执行 A 操作；如果不具备，就执行 B 操作"

✓ 比较运算符是两个值的比较,结果返回的是 True(真)或 False(假)

✓ 组合使用 if...elif 语句，可以设定更加复杂的条件

✓ 使用 and、or、not 这些逻辑运算符，可以组合多个条件

[3.1.1 尝试使用if语句]

使用if语句可以根据条件分别进行处理。if是"如果……那么……"的意思，表示某条件成立时就执行指定的处理，如下图所示。

if语句的构造

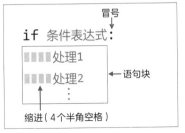

if的后面要书写用于条件判断的"条件表达式"。条件表达式后面的冒

103

号是必需的，请注意。

如果条件成立，后面的"语句块"会被执行。如1.2.3小节中"缩进很重要"所述，语句块的缩进，可以使用多个空格或制表符。Python中上下缩进的缩进量推荐使用4个半角空格。在使用IDLE或Atom编辑Python程序时，默认情况下按一下Tab键就会输入4个半角空格的缩进量。

从输入的年龄来判断是否为成年人的if语句

演示一个简单的例子。从键盘输入年龄，如果那个值大于20就显示"成年人"。

Sample if1.py

```
instr = input("请输入年龄: ") ←❶
age = int(instr) ←❷
if age >= 18:
    print("成年人") ←❹  ←❸
```

❶中使用input()函数，把从键盘输入的年龄赋给变量instr。

❷中的int()函数将instr的值转换为整数值，赋给变量age。

❸是if语句。指定条件表达式为"age>=18"。">="是比较运算符，左边的值大于等于右边的值时返回True，否则返回False。这时，变量age在18以上为True，也就是认为条件成立，执行❹中的语句块。

❸if语句

```
if age >= 18:  ← ①age的值在18以上, 为True
    print("成年人")    ←② 如果 ①是真的, 执行
```

运行结果1

```
请输入年龄: 30 [Enter]
成年人
```

运行结果2

请输入年龄：5 [Enter]

← 什么也不显示

❷中的int()函数是必需的吗？

年龄作为整数值来比较，有必要用int()函数将其转换为整数值。另外，">="这样的比较运算符也能用于字符串的比较。稍后讲解。

在JavaScript中，当条件成立时，对应的处理只有一行的情况，不写成语句块而是可以书写为一行。在Python中是怎样的呢？

```
if (a > 3) console.log("ok")
```

在Python中，即使只有一行的处理，也必须要缩进，不写成语句块是不行的。

关于布尔型

比较运算符的结果是一种叫作"布尔型"（bool）的数据类型，其值用True表示真、用False表示假。

布尔型

True	False

Python中布尔型的值，是bool类的实例。

105

布尔型，也被称为真理值、真假值、布林型。

感觉学习数学时有一点记忆。

JavaScript中的true和false，在Python中分别是True和False，对吧。

[3.1.2 与条件不一致时用else追加处理]

追加到条件成立的场合，条件不成立时向if语句后面追加else语句，就成为"if…else"结构。

if…else语句

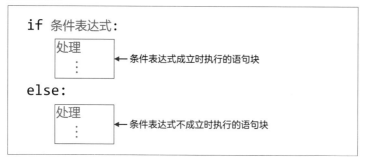

下面把3.1.1小节的if1.py修改一下，当输入的数值小于18时，显示"不是成年人"。

Sample if2.py

```
instr = input("请输入年龄: ")
age = int(instr)
if age >= 18:
    print("成年人")
else:
    print("不是成年人")  ←❶
```

❶ 是追加的 else 语句。else 的后面也需要冒号，请注意。

运行结果 1

请输入年龄： 23 [Enter]

成年人 ← 由于条件成立，执行if后面的语句

运行结果 2

请输入年龄： 15 [Enter]

不是成年人 ← 由于条件不成立，执行else后面的语句

if语句是"如果……那么执行……"，if...else语句是"如果……那么执行……，如果不是……那么执行……"这种感觉，对吧？

是的呀！

[3.1.3　关于比较运算符]

"＞＝"这样的比较两个值，返回的结果是 True 或 False 的运算符，称为"比较运算符"。下面，总结一下 Python 中基本的比较运算符。

基本的比较运算符

运算符	示例	说明
==	a == b	a和b相等时返回True，否则返回False
!=	a != b	a和b不相等时返回True，否则返回False
>	a > b	a比b大时返回True，否则返回False
>=	a >=b	a大于或等于b时返回True，否则返回False
<	a < b	a比b小时返回True，否则返回False
<=	a <= b	a小于或等于b时返回True，否则返回False

首先，在交互模式下试一下。

```
>>> 45 < 55 [Enter]
True
>>> 3 == 3 [Enter]
True
>>> 45 > 100 [Enter]
False
```

比较运算符也可用于字符串的比较

比较运算符也可用于字符串的比较。在这种情况下，根据文字编码的顺序来决定大小。

```
>>> "Hello" == "Hello" [Enter]
True
>>> "abc" > "bcd" [Enter]
False
>>> "aab" > "b" [Enter]
False
```

比较表示数值的字符串的场合，要按照字符串来比较，请注意。

```
>>> "112" > "111" [Enter]
True
>>> "22" > "101" [Enter]
True
```

作为字符串比较的场合，"22"比"102"大，对吧？

是的。如果想以数值比较，需要用int()函数转换为整数。

注意用于比较的"=="和用于赋值的"="两者的不同

关于比较运算符的使用方法，必须注意的是，判断两个值是否相等用的是"=="。初学者在应该使用"=="的地方，却误用了"="，从而出错，这一点请注意。"="是为变量赋值的意思。

下面的例子，使用if语句判断input()函数中输入的年龄值是20时就显示"刚好20岁"。

Sample if3.py

```
instr = input("请输入年龄: ")
age = int(instr)
if age == 20:  ←❶
    print("刚好20岁")
```

❶中if的条件表达式"age==20"，用于判断变量age的值是否为20。

运行结果

```
请输入年龄: 20 [Enter]
刚好20岁
```

假设这里把"=="写成"="。

Sample if3error.py（一部分）

```
if age = 20:  ← 将 "==" 误写成 "="
    print("刚好20岁")
```

于是出现了如下的SyntaxError（语法上的错误）。

运行结果

```
File "if3error.py", line 3
  if age = 20:
        ^
SyntaxError: invalid syntax
```

确实，赋值的"="和比较的"=="容易搞错呀。

我在JavaScript的if语句中，偶尔把"=="误写成"="。

在JavaScript中即使把"=="误写成"="也不会造成错误，而是会出现奇怪的动作。而在Python中则显示出了错误，多少可以放心一些。

哪些场合下判定为条件表达式成立

之前的例子中，if语句的条件表达式的值为True时表示成立。实际上，条件表达式的部分即使是变量或某个值也没关系。Python中出现如下情况被认为条件成立。

● 布尔型中True的情况

● 数值型为0以外的情况

● 字符串型中空字符串以外的情况

● 列表、元组等元素非空的情况

总之，值是0或空之外的都被认为条件表达式成立。

例如，条件表达式也可以指定为数值。在交互模式中尝试一下。

```
>>> if 3: Enter
...     print("ok") Enter
... Enter        ← 按 Enter
ok              ← 认为条件成立，显示"OK"
```

在交互模式中也可以执行if语句呀！

执行像if语句这样的多行代码的情况，输入最初一行时提示符变成了"..."。输入语句块的最后一行后按Enter键即可执行。

最后按Enter键是秘诀呀！

同样地，也可以选择把变量作为if语句的条件。

```
>>> s = "hello" [Enter]
>>> if s: [Enter]
...     print(s) [Enter]
... [Enter]
hello
```

[3.1.4 在if语句块中使用if语句]

在if语句的语句块中，还可以再写别的if语句。这种情况下，缩进要更深入一个层级。

在if语句块中使用if语句

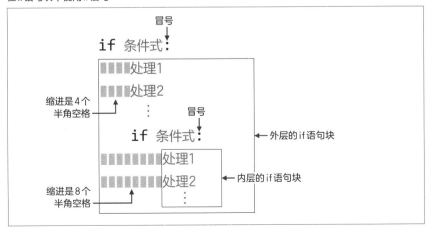

111

下面的例子，把3.1.2小节中的if2.py修改一下，在用户输入负数的情况下显示"请输入正数"。

Sample if4.py

```
instr = input("请输入年龄: ")
age = int(instr)
if age > 0:      ←❶
    if age >= 18:
        print("成年人")
    else:                   ←❷
        print("不是成年人")
else:
    print("请输入正数")  ←❸
```

❶中，在外层追加新的if语句，当变量age的值比0大时，利用❷中的内层if语句判断是否为成年人。

如果小于0，使用❸中的print()函数显示"请输入正数"。

运行结果1

```
请输入年龄: -5 Enter
请输入正数
```

运行结果2

```
请输入年龄: 21 Enter
成年人
```

像这种，程序的构造稍微复杂一些，容易弄错缩进的深度，要注意啊。

了解!

[3.1.5 使用 if...elif 组合设置复杂的条件]

在 if 语句中组合使用 elif，可以设定"如果……就执行……，否则如果
……就执行……"这类复杂的条件。

在 if 语句中组合使用 elif

```
if  条件式A：
     处理  ← 条件A成立的语句块
elif  条件式B：
     处理  ← 条件A不成立、条件B成立的语句块
elif  条件式C：
     处理  ← 条件A和B都不成立、条件C成立的语句块
   ⋮
else：
     处理  ← 任何一个条件都不成立的语句块
```

利用用户选择的颜色绘制圆

下面，让用户输入1～3的数字，使用对应的颜色绘制圆。

使用选择的颜色绘制圆

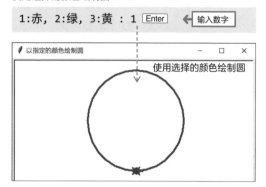

如果输入1～3以外的内容，就显示"请输入1～3之间的数字"，并且终止程序。

Sample if5.py

```python
import turtle
import sys                    ←❶

my_turtle = turtle.Turtle()
screen = turtle.Screen()
screen.setup(500, 500)
screen.title("以指定的颜色绘制圆")
my_turtle.shape("turtle")
my_turtle.pensize(4)

c = input("1:赤，2:绿，3:黄 : ")
if c == "1":
    my_turtle.color("red")    ←❸
elif c == "2":
    my_turtle.color("green")
elif c == "3":
    my_turtle.color("yellow")      ←❷
else:
    print("请输入1～3之间的数字")    ←❹
    sys.exit()    ←❺

my_turtle.circle(100)
screen.mainloop()
```

114

❷中if语句组合使用了elif和else，是设定颜色的部分。这里通过input()函数，对输入的值以字符串分别处理。例如，如果值是1，那么"c==1"为True，❸中color()方法中使用红色。

输入1～3以外的内容，显示❹中的"请输入1～3之间的数字"以后，❺中的sys.exit()将会执行。这样程序就终止了吗？

❶中导入了sys模块，这是一个集成了很多与系统关联的函数的模块。exit()函数是用于终止程序的函数。

原来如此。
啊，是的。在JavaScript中，像这个例子处理多个分支的情况，可以使用switch语句。Python中没有吗？

很遗憾。Python中没有switch语句。

做同样的事情，有很多做法

if5.py中，利用if语句判断输入，预先把颜色名称放入元组或列表中。其实，把用户输入的数值当作索引来使用也可以实现。看看下面这个例子。

Sample if6.py（一部分）

```
colors = ("red", "green", "yellow")   ←❶
c = int(input("1:赤, 2:绿, 3:黄 : "))   ←❷

if c > len(colors):
    print("请输入正确的数值")
    sys.exit()                        ←❸
else:
    my_turtle.color(colors[c - 1])    ←❹

my_turtle.circle(100)
screen.mainloop()
```

❶中准备了用于存储3个颜色名称的元组colors。

❷中的input()函数，让用户输入与颜色对应的整数值。进一步地，为了把输入值作为索引使用，用int()函数将输入值转换为整数值后赋给变量c。

❸中的if语句，判断输入的数值是否比colors的元素总数还要大。如果是那样，就显示"请输入正确的数值"，并且使用sys模块的exit()函数终止程序。如果不是那样，将❹中变量c的值减去1作为元组colors的索引使用，设定为color()方法的颜色。

原来如此。这样做的话，如果想增加颜色，先在❶中的元组中增加元素，然后将❷中的提示信息修改一下就可以。例如，增加"黑色"，进行如下修改即可！

```
colors = ("red", "green", "yellow", "black")
c = int(input("1:赤, 2:绿, 3:黄, 4:黑: "))
```

果然如此！这个是元组，使用列表也可以吗？

是的。这个例子中使用哪一个都可以。在程序中，如果想变更元素，不使用列表是不行的。

[3.1.6　条件表达式的组合]

if的条件表达式可以组合使用。3.1.5小节中的if6.py，当用户输入了超过colors元组的元素总数时，会显示提示信息。但是没有判断输入负数的情形。下面的例子实现了如果输入了负数也显示相同的错误消息，并且终止程序。

Sample if7.py（一部分）

```
if c < 0 or c > len(colors):    ←❶
    print("请输入正确的数值")
    sys.exit()
else:
    my_turtle.color(colors[c - 1])
```

❶是修改后的if语句。or是逻辑运算符。左边和右边的任何一个条件表达式成立的情况都返回True。

使用or运算符组合条件表达式

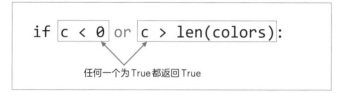

```
if c < 0 or c > len(colors):
```
任何一个为True都返回True

记忆一下逻辑运算符

下表列出了Python自带的逻辑运算符。

Python逻辑运算符

逻辑运算符	示例	说明
and	a and b	a和b都为True时返回True，否则返回False
or	a or b	a和b的任何一个为True时返回True，否则返回False
not	not a	a为True时返回False，a为False时返回True

使用and运算符时，只有每个条件都是True才能返回True。在交互模式下试一下，更容易理解。

```
>>> True and False [Enter]
False
>>> True and True [Enter]
True
```

使用or运算符时，至少有一个为True时就返回True。

```
>>> True or False Enter
True
>>> False or False Enter
False
```

not运算符可以让布尔型的值变成相反的值。

```
>>> not True Enter
False
>>> not False Enter
True
```

and运算符是"并且"，or运算符是"或者"！

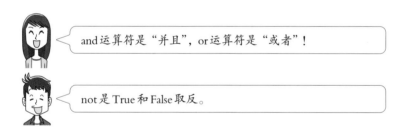

not是True和False取反。

3 2 ∶ 重复进行一连串的处理

3.1节学习了根据if语句进行条件判断的程序控制结构，本节将讲解重复进行一连串处理的控制结构——for语句和while语句。

重点在这里

- ✓ 从可遍历的对象反复按序取得值的 for 语句
- ✓ 用于生成可遍历的整数序列的 range 对象
- ✓ 使用 for 语句可以处理列表和元组
- ✓ 指定的条件成立期间，可以重复处理的 while 语句
- ✓ 用于中断处理的 break 语句

[3.2.1　尝试使用for语句]

根据程序开发需要，可能会频繁地将一连串的处理重复执行。实现重复处理的代表性的控制结构是for语句。首先，使用for语句演示一个简洁的例子。用print()函数显示出来从1月到12月的名称。

Sample month1.py

```
print("1月")
print("2月")
print("3月")
print("4月")
print("5月")
print("6月")
print("7月")
print("8月")
print("9月")
print("10月")
```

继续

接续

```
print("11月")
print("12月")
```

如看到的一样，只是把12个print()函数都罗列了出来。

同样的处理，使用for语句的写法如下。

Sample for1.py

```
for m in range(1, 13):
    print(str(m) + "月")
```

无论哪一个的运行结果都是一样的。

运行结果

```
1月
2月
3月
4月
5月
6月
7月
8月
9月
10月
11月
12月
```

使用for语句看起来更简单呀！

是的！这个例子中，即使不使用for语句，连续写12个print()语句也可以实现。但是，如果想显示阳历的"年"，必须考虑使用for语句。

3.2.2 for语句和range对象组合使用

看一下Python的for语句的基本语法格式。

for语句基本格式

```
for 变量 in 可遍历对象:
    处理
```

"可遍历对象"（iterable object）是从对象中一个接一个地取出值的对象，字符串、列表就是这样的。在for语句中，从in后面指定的可遍历对象中一个一个地取出值并赋给变量，重复执行块中描述的处理。

将3.2.1小节中例子for1.py的in后面指定为range(1, 13)。

```
for m in range(1, 13):
    print(str(m) + "月")
```

这个range对象是一种可以取出连续整数的可遍历对象。在这个例子中，range()构造函数的参数是(1, 13)，就生成了可以取出1～12的整数的可遍历对象。

生成的整数赋给变量m，将它用str()函数转换为字符串，与"月"连接起来，最后用print()函数显示。

for1.py的for语句

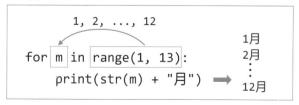

生成的整数中不包含range()构造函数中第二个参数的值。

是的，确实容易搞错，如果是range(1,13)，那么生成的是1 ~ 12的整数。

"遍历"，是一个比较生僻的词语。

遍历，是循环处理的意思。把可遍历对象想象成从中可以按序取出值的对象。稍微讲解详细一点，for语句的in后面指定的可遍历对象，变换为iter类的实例，每循环一次就取出一个值并且赋给变量。

关于range类的构造函数

下面演示range类的构造函数。

构造函数

range([start,] stop[, step])

参　数
start：开始整数值（忽略的话按0处理）
stop：结束整数值
step：步长（忽略的话按1处理）

返回值
range对象

说　明
生成大于或等于start、小于stop的range对象。参数step可以指定步长

求1 ~ 100的总和

将for语句和range对象进行组合。例如，想要求1 ~ 100的总和，你可以这样做。

```
sum = 0                        ←①
for num in range(1, 101):      ←②
    sum += num                 ←③

print(sum)                     ←④
```

①中准备了一个用于存储总和的变量sum，初始化为0。

②中的for语句，利用range(1,101)生成1～100的整数，按需赋给变量num。

③中更新变量num的值。跳出循环后，显示总和。

运行结果

```
5050
```

显示从0到小于100的偶数

range()构造函数的最后一个参数用于指定步长。例如，将步长设置为2，可以隔一个整数取出一个整数。下面例子用于显示从0到小于100的偶数。

Sample for2.py

```
for m in range(0, 100, 2):
    print(m)
```

运行结果

```
0
2
4
6
8
10
12
```

```
14
16
18
20
22
~略~
78
80
82
84
86
88
90
92
94
96
98
```

这里有问题，要取出3的倍数，怎么办才好？

啊，简单！将range()修改为如下即可！

```
for m in range(3, 100, 3):
```

正确！找到了规律。

不过，可以逆序吗？

将步长设置为负数即可。例如，从10到0逆序时，写法如下。

```
for m in range(10, -1, -1):
```

原来如此，第2个参数也是 -1。

在交互模式中尝试使用for语句

与if语句相同，也可以在交互模式下使用for语句。这种情况下，输入最开始一行，提示符变成了"..."。语句块部分输入以后，在最后只按Enter键才被执行。

```
>>> for n in range(10): Enter
...     print(n) Enter          ← 提示符变为 "..."
... Enter                        ← 只按Enter键
0
1
2
3
4
5
6
7
8
9
```

3.2.3 将range对象转换为列表

将range对象作为list()构造函数的参数传递，可以转换为列表。利用这个，可以得到简单的数列。

例如，要生成0～9之间的整数数列，操作如下。

```
>>> nums = range(10) Enter        ← 生成range对象
>>> l = list(nums) Enter          ← 转换为列表
>>> l Enter
[0, 1, 2, 3, 4, 5, 6, 7, 8, 9]
```

range 对象转换为元组，怎么办才好？

传递给tuple()构造函数！

原来如此！

3.2.4　按顺序取出列表或元组的元素

实际上，列表或元组也是可遍历对象。指定到for语句的in的后面，就可以按顺序取出元素。

下面演示将季节名称赋给元组seasons，然后按顺序显示每个季节的例子。

Sample for3.py

```
seasons = ("春", "夏", "秋", "冬")
for s in seasons:
    print(s)
```

运行结果

```
春
夏
秋
冬
```

遍历字符串并按顺序取出字符

在Python中，字符串与列表、元组一样，也是可遍历对象。也就是说，可以从字符串中取出每一个字符。将for3.py稍作修改，演示从字符串"春夏秋冬"中取出每一个字符。

Sample for4.py

```
seasons = "春夏秋冬"
for s in seasons:
    print(s)
```

运行结果

```
春
夏
秋
冬
```

3.2.5 从列表中按顺序取出索引和元素的组合

例如，修改3.2.4小节中的for3.py，想得到"索引 元素"这种形式的结果。

```
0 春
1 夏
2 秋
3 冬
```

可以考虑将索引赋给其他的变量。

Sample for5.py

```
seasons = ("春", "夏", "秋", "冬")
i = 0   ←❶
for s in seasons:
    print(i,s)
    i += 1          ←❷
```

❶中事先准备了用于存储索引的变量i。

❷的循环中，变量i依次增加1。

❷的循环体中的"+="是什么呀?

2.1.5小节中学过,是"自身赋值运算符"。

JavaScript 中使用 "++" 运算符,将变量的值每次加1,Python 中是这样吗?

JavaScript 中

```
++i
```

很遗憾,Python 中没有 "++" 这种运算符。

使用enumerate()函数取得索引和元素

实际上,对于for5.py的处理,使用enumerate()函数,会更加简便。

函 数
◆◆◆◆◆◆◆◆◆◆◆◆◆◆◆

enumerate(1)

参 数
1:可遍历对象

返回值
索引和元素组合后形成的enumerate对象

说 明
从列表或元组返回索引和元素顺次组合的可遍历对象
◆◆◆◆◆◆◆◆◆◆◆◆◆◆

将for5.py修改为使用enumerate()函数。

Sample for6.py

```
seasons = ("春", "夏", "秋", "冬")
for i, s in enumerate(seasons):  ←❶
    print(i,s)
```

❶中将列表seasons指定为enumerate()函数的参数。这样的话，就可以从列表seasons中将索引和元素形成的组合以元组的形式取出来，分别赋给变量i和s。

将索引和元素赋给变量i和s

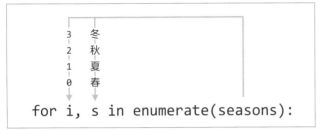

```
for i, s in enumerate(seasons):
```

原来如此，学会enumerate()函数，以后可以很方便地使用。

我也要学会！

3.2.6　使用while语句实现的循环

Python中的循环控制结构，除了for语句还有while语句。

while语句是，在指定的条件成立期间重复执行处理。

while语句的循环

将使用for语句按顺序显示列表seasons中的元素的例子，改写成使用while语句实现，代码如下。

Sample while1.py

```
seasons = ("春", "夏", "秋", "冬")

i = 0                          ←❶
while i < len(seasons):        ←❷
    print(seasons[i])          ←❸
    i += 1                     ←❹
```

与使用for语句不同，使用while语句显示列表中的元素，用于管理索引的变量是必需的。❶中事先准备了变量i，并且初始化为0。

❷中的while语句的条件"i<len(seasons)"，表示只要i小于列表中的元素总数就进行处理。

❸中seasons的索引是i的元素被显示出来。

❹中将i每次加1，更新索引值。

```
春
夏
秋
冬
```

 ❶中的变量名i是什么意思?

 索引（index）的首字母?

那样解释也可以。管理循环的次数的变量，称为"控制变量"。对于控制变量的名称，我们习惯使用i、j、k等。这是由于很久以前，变量名只限于使用1个字符，遗留下来的命名习惯。

循环过程中使用break语句中途退出

在循环过程中，如果想中断处理、跳出循环，可以使用break语句。while循环和break语句组合使用的常见构造如下。

while循环和break语句的组合

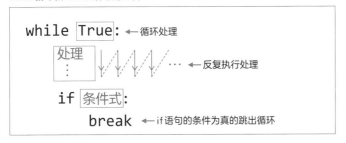

while的条件表达式一直是True，所以语句块的部分是永久地循环进行的，我们把这个称作"无限循环"。但是，完全的无限循环是语句块不终止，可以在语句块内使用if语句，当它的条件成立时就使用break语句跳出循环。

while 后面的 True，使用 1 或 hello 之类的字符也可以吧？

真的吗？

当值为 0 和空之外的所有情况都成立。

是的，使用 True 是最常见的。

缩写猜数游戏

下面演示一个猜数游戏的例子。程序内部把未知的整数保存到变量 secret 中，尽可能早地猜到那个数。

Sample break1.py

```
secret = 5          ←❶
while True:          ←❷
    innum = int(input("未知数是多少? "))   ←❸
    if innum == secret:   ←❹
        print("正确! ")
        break   ←❺
```

❶将正确答案保存到变量 secret 中。

❷的 while 语句中，条件设置为 True，使其成为无限循环。

❸将用户输入的数值赋给变量 innum。

❹的 if 语句，判断变量 secret 和变量 innum 是否相等。如果相等就显示"正确! "。

❺的 break 语句用于终止 while 循环。

运行结果

> 未知数是多少? 4 Enter
> 未知数是多少? 6 Enter
> 未知数是多少? 9 Enter
> 未知数是多少? 5 Enter
> 正确!

break 语句可以用于for循环的语句块中吗?

当然可以。

while 语句在循环处理之前要先检查条件表达式吧? JavaScript 的 do...while 结构,是在循环处理的最后检查条件,Python 有这样用的吗?

Python 中没有 do...while 结构。在while 语句的最后使用 if 语句和break 语句同样可以检查条件。

中断处理并返回到循环的开始处的 continue 语句在Python 中有没有?

这个有。和JavaScript 中的用法一样。

```
while 条件式1:
    if 条件式2:
        continue  ←—条件2成立时返回到循环的开始处
            ⋮
```

133

3 3.灵活使用 for 语句 玩转 turtle

上一节，讲解了用于循环的控制结构的for语句和while语句。本节灵活使用for语句，使用turtle模块绘制图形和文字。另外也讲解用于生成随机数的random模块。

重点在这里

- ✓ for 语句中指定循环次数的格式如下：

    for _ in range(次数)：

    　　处理
- ✓ random 模块包含了用于生成随机数的函数
- ✓ randrange() 函数用于生成指定范围的随机整数
- ✓ 使用 turtle 模块的 write() 方法在窗口中绘制字符串

[3.3.1　使用for语句绘制6个彼此重叠的圆]

这里使用turtle模块绘制如下图形。

使用turtle模块绘制6个圆

乍一看好像有点复杂，动手做会发现比较简单。使用for语句，使用left()方法让乌龟向左转60°，使用circle()方法绘制半径为100的圆，循环处理6次即可。

`Sample` turtle33-1.py

```python
import turtle

# 生成乌龟实例
my_turtle = turtle.Turtle()
# 设定乌龟的形状
my_turtle.shape("turtle")
# 设定笔的粗细
my_turtle.pensize(4)

# 获取窗口
screen = turtle.Screen()
# 设定窗口尺寸
screen.setup(800, 800)
screen.title("绘制6个重叠的圆")

for _ in range(6):
    my_turtle.circle(100)
    my_turtle.left(60)

screen.mainloop()
```
←❶

先看一下❶的for语句的处理。for语句的in后面的range(6)，使用了0 ~ 5之间的计时器生成range对象。

❶ for语句

```
for _ in range(6):   ←在语句块内重复处理6次
    my_turtle.circle(100)   ←绘制半径为100的圆
    my_turtle.left(60)   ←让乌龟左转60°
```

变量的部分指定为"_"，"_"从可遍历对象中取得值，但是在语句块中不使用。这个例子主要是重复执行6次处理，语句块中不使用这个变量也可以。

变量"_"可以换成num这样的普通的变量名吗?

```
for num in range(6):
        ⋮
```

那样也没关系。如果指定为"_"，可以一目了然地知道该语句块中不使用这个变量。

这是怎么回事呢?

如果使用普通的变量名，会造成这样的麻烦——尝试确认那个变量在什么地方是否用到了。对于比较长的语句块，这是非常冗余的。反过来，使用"_"的话，就不会在意了。

是这样的。使用如下形式的for语句，只需要指定语句块内处理的次数。这是常用语句，一定要记住。

```
for _ in range(次数):
    处理
```

[3.3.2　使用random模块生成随机整数

在游戏类的程序中，会经常用到随机整数。Python中使用random模块中的函数，可以很简单地产生随机整数。

用于生成随机整数的randrange()函数

使用randrange()函数，可以得到指定范围内的随机整数。randrange()
函数有两种指定参数的方法。

生成小于指定值的随机整数的格式如下。

函　数
◆◆◆◆◆◆◆◆◆◆◆◆◆◆◆◆

randrange(stop)

参　数
stop : 结束整数值
返回值
随机整数
说　明
生成小于或等于0、小于stop的随机整数
◆◆◆◆◆◆◆◆◆◆◆◆◆◆◆

在交互模式下试一下。生成小于4的随机整数。

```
>>> import random Enter      ← 首先导入random模块
>>> random.randrange(4) Enter
0
>>> random.randrange(4) Enter
2
>>> random.randrange(4) Enter
3
>>> random.randrange(4) Enter
0
```

这样执行randrange()函数，每次都会显示一个随机整数。

randrange()函数也有如下另一种用法。

函　数

◆◆◆◆◆◆◆◆◆◆◆◆◆◆◆◆

randrange(start, stop[, step])

引　数

start：开始整数值

stop：结束整数值

step：步长

返回值

随机整数

说　明

生成大于或等于start、小于stop的随机整数。参数step可以指定步长

◆◆◆◆◆◆◆◆◆◆◆◆◆◆◆◆

例如，要得到小于100的随机偶数，将参数step设置为2即可。

```
>>> random.randrange(0, 100, 2) Enter
26
>>> random.randrange(0, 100, 2) Enter
80
>>> random.randrange(0, 100, 2) Enter
26
```

制作骰子程序

下面是使用randrange()函数的例子。执行过程中随机生成1～6之间的整数。

Sample dice1.py

```
import random

print(random.randrange(1, 7))  ←❶
```

❶的randrange()函数，用于生成1～6之间的随机整数，使用print()函数显示出来。

运行结果1

```
3
```

randrange() 函数的第二个参数是7，为什么不是6？

 因为randrange()函数用于生成小于第二个参数的随机整数（不包含第二个参数）。

 原来如此。

还有一个与randrange()函数类似的randint()函数。

函　数
◆◆◆◆◆◆◆◆◆◆◆◆◆◆◆

randint(start, stop)

参　数
start：开始整数值
stop：结束整数值
返回值
随机整数
说　明
生成大于或等于start、小于stop的随机整数
◆◆◆◆◆◆◆◆◆◆◆◆◆◆◆

randint()函数生成的随机整数中包含第二个参数，这一点需要注意。下面，把前面所述的dice1.py中的randrange()函数修改为randint()函数。

Sample dice2.py

```
import random

print(random.randint(1, 6))   ←❶
```

请注意❶的randint()函数的第二个参数是6。

randrange() 函数、randint() 函数，使用哪一个呢？

哪一个都可以呀。randint(start,stop) 和 randrange(start,stop+1) 是等价的。

无论使用哪一个，都必须要注意第二个参数的处理。

[3.3.3　使用turtle模块制作骰子游戏]

下面继续使用turtle模块，在窗口内绘制骰子的数字。

以图形方式绘制数字

在窗口内绘制字符串，使用Turtle类的write()方法。使用write()方法在乌龟现在的位置，以指定的字体、尺寸和配置绘制字符串。

方　法

write(obj, align="left", font=("Arial", 8, "normal"))

参　数
obj：要绘制的字符串的对象
align：指定字符串的对齐方式。left：左对齐；center：居中；right：右对齐
font：字体名称、尺寸、样式

返回值
无

说　明
在当前位置绘制字符串

下面是一个示例。

`Sample` dice3.py

```
import turtle
import random

screen = turtle.Screen()
# 指定窗口的尺寸
screen.setup(200, 200)
screen.title("骰子")
my_turtle = turtle.Turtle()
# 隐藏乌龟
my_turtle.hideturtle()          ←❶
my_turtle.penup()           ⎫
my_turtle.setpos(0, -50)    ⎬←❷

my_turtle.write(random.randint(1, 6), align="center",  ⎫
            font=("helvetica", 100, "bold"))           ⎬←❸

screen.mainloop()
```

这个程序中，要显示的仅仅是数值，没有必要显示乌龟。因此，❶中使用hideturtle()方法隐藏乌龟。

方 法

~~~~~~~~~~~~~~~~~~~~~

hideturtle()

参数和返回值
无
说　明
隐藏乌龟

~~~~~~~~~~~~~~~~~~~~~

字符串要显示在乌龟的上方，为了让字符串显示在窗口的中心，可以使用setpos()方法让乌龟向下移动50像素（turtle模块中有很多不同名称的方法能实现相同的功能）。

❸是绘制数字的部分，将random.randint(1,6)指定的随机数传递给第一个参数。第二个参数align，设定为文字居中的center。第三个参数font，

字体名称为helvetica，尺寸为100，样式为bold（粗体）。

write()方法的第一个参数为random.randint(1,6)。randint()方法的返回值是数值，不转换为字符串也可以吗？

write()方法第一个参数不是字符串也没关系。即使传递的是数值，也会自动转换为字符串。即使传递列表之类的也没关系。

这个程序中❶的hideturtle()作用是隐藏乌龟，那么可以再次显示乌龟吗？

那种情况可以参考文档。showturtle()方法用于显示乌龟。

3.3.4　在任意位置绘制4个圆

本节的最后，使用turtle和random模块，在任意位置绘制任意尺寸的4个圆。

随机绘制4个圆

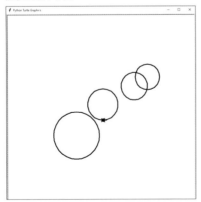
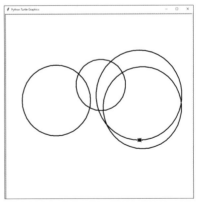

下面，使用for语句绘制4个圆。

Sample turtle33-2.py（一部分）

```
for _ in range(4):        ←❶
    my_turtle.penup()     ←❷
    my_turtle.setpos(random.randint(-200, 200),
                     random.randint(-200, 200))    ←❸
    my_turtle.pendown()   ←❹
    my_turtle.circle(random.randint(50, 200))    ←❺
```

❶的for语句，"for _ in range(4):"用于重复处理语句块。

❷的penup()方法让笔的方向向上。

❸使用setpos()方法设置乌龟的位置，x坐标和y坐标使用随机整数。

❹的pendown()方法让笔的方向向下。

❺使用circle()方法绘制圆。此时，半径使用randint()函数生成的随机整数。

在代码行的中间换行

Python程序中，一个语句书写在同一行是基本的做法。但是，在括号()、{}、[]里面可以自由换行。

例如，如果函数或方法的参数太长，则可以在区分参数的地方换行。此时，换行的下一行的开头不需要在意缩进，可以自由设定。

```
my_turtle.write(my_str, align="center", font=("helvetica", ➜
100, "bold"))]
```

```
my_turtle.write(my_str, align="center",
                font=("helvetica", 100, "bold"))
```

另外，列表、元组之类的字面量，元素之间换行也没关系。

```
prefs = {"东京", "神奈川", "埼玉", "千叶", "茨城", "群马", ➜
"栃木", "北海道"}
```

```
prefs = {"东京", "神奈川", "埼玉", "千叶",
         "茨城", "群马", "栃木", "北海道"}
```

算式的括号内部也可以换行。

```
good_num = (math.pi * your_num + math.pi) * random.randint ➜
(30, 40)
```

```
good_num = (math.pi * your_num +
           math.pi) * random.randint(30, 40)
```

如果是上述以外的情况，想强制换行的话，可以在句末加上反斜杠（\）。

```
hello_msg = "你好" + your_name + "先生。" + "今年也请多关照"➜
```

```
hello_msg = "你好" + your_name + "先生。" + \
    "今年也请多关照"
```

使用函数集中处理更加方便

前面介绍过的 print() 函数、sqrt() 函数等，都是 Python 标准库中预先安装好的。编程过程会用到各种各样的函数，实际上，除了内置函数以外，也可以自己定义函数。

本章介绍原始函数的定义。

4 1 尝试定义原始函数

把经常用到的处理作为原始函数来定义，之后可以多次调用。另外，将即使只执行一次的处理也定义为函数，从程序设计的角度来看，也有很多优点。

↘ 重点在这里

- ✓ 用户自定义函数使用 def 语句定义
- ✓ 返回值使用 return 语句定义
- ✓ 参数可以设定默认值
- ✓ 定义可变长度的参数，要在参数前面加 "*"
- ✓ 变量的有效范围称为 "作用域"
- ✓ 在函数内赋值给全局变量，要用 global 语句声明

[4.1.1 定义原始函数的格式]

所谓函数，是把一连串的处理集中起来，之后使用函数名进行调用的程序。向函数传递的值称为 "参数"，从函数返回的结果称为 "返回值"。函数即使不知道该定义什么样的内容，但只要知道要取什么样的参数，然后是怎样的返回值或输出值就可以使用，示意图就像下面的盒子。

函数

即使不知道内部也能使用

使用def语句定义用户自定义函数

在Python中，使用def语句定义函数。

146

函数的定义

```
def 函数名(参数1, 参数2, ...):
    处理
    return 返回值
```

在def的后面是"函数名(参数1,参数2,...)"。在def语句下面编写语句块实现函数的处理。函数有返回值的情况,使用return语句指定返回值。

与调用Python中的内置函数一样,调用用户自定义函数的方法如下。

调用用户自定义函数

```
函数名(参数1, 参数2, ...)
```

在JavaScript中,不是用def而是用function定义原始函数。

Swift语言是func。

语言的不同容易搞错呀。

请注意不要搞混。

4.1.2 定义没有返回值的函数

看一个简单的例子。下面的例子是将名字作为参数传递,并在屏幕上显示"你好。我的名字是……"这样的一个hello()函数。这个函数没有返回值。

hello()函数

名字 ⟹ hello()函数 ⟹ 画面显示
你好。我的名字是……

下面，定义hello()函数，并且调用它。

Sample hello1.py

```
def hello(name):
    print("你好。我的名字是" + name )  ←2  ┐←1

hello("山田太郎")  ←3
my_name = "田中一郎"  ←4
hello(my_name)  ←5
```

❶是hello()函数的定义。❷中使用print()函数把"你好。我的名字是"和参数name连接在一起。

❸中指定参数为"山田太郎"，调用hello()函数。这样就把"山田太郎"传递给了hello()函数。

❹中将"田中一郎"赋给变量my_name，❺中将其作为参数调用hello()函数。

运行结果

```
你好。我的名字是山田太郎
你好。我的名字是田中一郎
```

调用函数之前必须先定义。

什么意思？

❶的hello()函数的定义，如果书写在❸或❺的后面是不行的。

原来如此。函数的定义最好放在程序最开始处。

[4.1.3   定义有返回值的函数]

接下来，使用return语句指定函数的返回值。这里定义一个接收两个数值参数、返回值是它们之和的sumplus()函数。只是把两个数值加在一起的函数没有太大意义，如果传递的参数为负数，就忽略它吧。

sumplus()函数

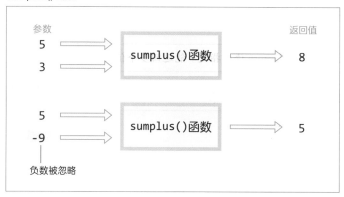

下面是程序示例。

Sample sumplus1.py

```
def sumplus(num1, num2):
    if num1 < 0:
        num1 = 0      ←②
                          ←①
    if num2 < 0:
        num2 = 0      ←③
    return num1 + num2    ←④


n1 = sumplus(10, 5)     ←⑤
print(n1)
n2 = sumplus(-10, 5)    ←⑥
print(n2)
```

①中定义了sumplus()函数。参数是num1和nmu2。

②③的if语句，表示如果num1、num2是负数，就被设置为0。

❹使用return语句返回num1和num2相加的值。

❺把两个正数作为sumplus()函数的参数，❻把负数和正数作为sumplus()函数的参数，并使用print()函数输出各自的返回值。

运行结果

```
15
5
```

函数的返回值用return语句指定。能返回多个值吗？

当然，也可以返回元组、列表。

```
def func1(~)
    ⋮
    return (num1, num2)
```

[4.1.4　可以接收任意数目的参数（可变长参数）]

之前定义的函数，传递给函数的参数，与函数内部定义的参数的数目必须是一致的。这种情况下，如果参数数目不同就会导致错误。

例如，前面所述的sumplus()函数的参数是两个。如果传递3个参数：

```
n1 = sumplus(10, 5, 4)
```

执行时会显示TypeError。

```
TypeError: sumplus() takes 2 positional arguments but 3 were
given
```

错误消息中的 positional arguments 是什么意思？

不指定关键字的普通参数称为"位置参数"。这个消息的意思是只接收两个参数的 sumplus() 函数，被传递了三个参数。

在参数之前添加"*"成为可变长参数

Python 中可以指定任意数量的参数称为"可变长参数"。要定义可变长参数，就需要在定义函数时在参数名前面加上"*"。这样做的话，参数将以元组的形式传递。

可变长参数（在参数名前面加上"*"，参数以元组形式传递）

```
                    在参数名前面加上"*"
                         ↓
func my_func(*nums):
    处理   ← 参数 nums 是元组


my_func(1, 2)
my_func(1, 9, 5, 4)    可以指定任意个参数来调用
```

"元组"是什么？

忘记了？不可以变更元素的列表呀。请复习一下 2.3.4 小节中的"后期不能修改的元组"。

由于被传递的参数是元组，需要使用 for 之类的语句按顺序进行处理。

下面演示一个每行显示一个参数的可变长参数 vari_func() 函数的例子。

Sample variargs.py

```
def vari_func(*nums):  ←①
    for n in nums:       ┐  ←②
        print(n)  ←③   ┘

vari_func(1, 3, 5, 6)
```

①的 vari_func() 函数的定义，参数 *nums 就是可变长参数。

②的 for 语句从参数 nums 中顺次取出值赋给变量 n，③使用 print() 函数显示。

运行结果

```
1
3
5
6
```

经常使用的内置函数，也有支持可变长参数的，知道吗？

啊，print() 函数呀。可以像下面这样传递任意数目的参数。

```
>>> print("red", "green", "white") Enter
red green white
```

正确！

计算任意数目的参数总和的函数

下面，修改 4.1.3 小节中的计算两个参数之和的 sumplus.py，使其能够接收任意数目的参数。此时，也把负的参数忽略掉。

```
def sumplus(*nums):
    sum = 0  ←①
    for n in nums:
        if n > 0:        ←③   ←②
            sum += n
    return sum

n1 = sumplus(10, 5, 5, -9, 4)
print(n1)
```

①准备一个用于存储总和的变量sum。

②的for语句从参数nums中顺次取出每一个值，赋给变量n。

③的if语句用于判断n是正数还是负数，如果n是正数就加到sum中。

运行结果

```
24
```

1个函数中可以指定多个可变长参数吗?

不行。会出错。

```
def my_func(*args1, *args2):   ← 错误
    ⋮
```

这是因为无法区分每个参数是从哪儿到哪儿的。

4.1.5 使用关键字为参数指定默认值

即使是用户定义的函数，也可以指定关键字、设定默认值。下面讲解具体的方法。

指定参数的关键字

我们在2.5.4小节中已经介绍过，参数可以带着名称进行调用。例如有一个hello()函数，用于将名字（name）和年龄（age）作为参数，显示"你好。我的名字是……年龄是……"。

`Sample` hello2.py（一部分）

```
def hello(name, age):
    print("你好。我的名字是" + name)
    print("年龄是" + str(age))
```

通常，调用参数的方法如下所示。

`Sample` hello2.py（一部分）

```
hello("山田太郎", 25)
```

"参数名=值"这样指定关键字调用的格式如下。

```
hello(name="山田太郎", age=25)
```

这种情况下，也可以改变参数的次序。

```
hello(age=25, name="山田太郎")
```

另外，在调用函数时，如果使用关键字指定了某个参数，要使用没有指定关键字的参数，关键字参数要放在普通参数的后面。

正确的调用方式

```
hello("山田太郎", age=25)
```
← 关键字参数放在普通参数之后

不正确的调用方式

```
hello(name="山田太郎", 25)
```

在可变长参数的后面指定普通参数时，必须指定关键字。

```
def my_func(*args1, arg2):
    ⋮

my_func(1,2,3, arg2=3)  ← arg2必须指定关键字
```

为什么呢?

这个也是因为无法知道可变长参数是从哪儿到哪儿的。

为参数设定默认值

如果想为原函数的参数设定默认值，可以在定义函数时使用"参数名＝默认值"的形式。

下面的例子为将美元换算为日元的doll_to_yen()函数。参数指定为美元（doll）、汇率（rate）。设定rate的默认值为100。

Sample doll_to_yen.py（一部分）

```
def doll_to_yen(doll, rate=100):
    return doll * rate
```

下面演示如何调用这个函数。

● 同时指定doll和rate的值来调用。

此时，默认值被忽略。

```
yen1 = doll_to_yen(5, 105)  ← 结果是525
```

● 仅指定doll的值来调用。

不指定参数rate时，使用默认值100。

```
yen2 = doll_to_yen(5)  ← 结果是500
```

参数rate使用默认值时，参数doll也可以指定关键字吗？

当然可以。例如下面这种用法。

```
yen3 = doll_to_yen(doll=5)
```

[4.1.6　定义绘制星形的函数]

作为一个具体实践的例子，让我们使用turtle模块绘制一笔画的星形，定义这样一个star()函数。

绘制星形

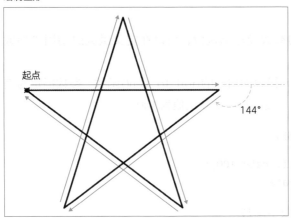

看一下star()函数的定义

star()函数包括如下3个参数。

star()函数的定义部分

参数	说明
pos	指定起点位置坐标的元组(x,y)
size	星形的一边的长度数值。默认值是100
color	线的颜色。默认值是black

下面是star()函数的定义部分。

star1.py（star()函数的定义部分）

```
def star(pos, size=100, color="black"):
    my_turtle.penup()
    my_turtle.goto(pos[0], pos[1])    ←❶
    my_turtle.pendown()
    my_turtle.color(color)
    for _ in range(5):
        my_turtle.forward(size)       ←❷
        my_turtle.right(144)
```

❶中让乌龟移动到参数 pos 指定的位置。

❷的for语句是绘制星形的部分。让乌龟向右旋转144°，重复处理5次。

使用star()函数绘制星形

下面，使用star()函数绘制星形。

star1.py（调用star()函数的部分）

```
star((0, 0), size=200)
star((100, 200), size=200, color="green")
star((-300, 250), size=250, color="gray")
star((-50, 200), size=100, color="blue")
star((-250, -100), size=300, color="purple")
```

这里调用了5次 star()函数，绘制了5个星形。

运行结果

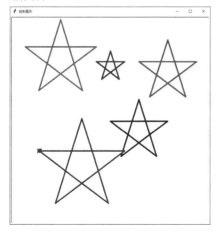

157

参数中可以传递元组呀！

当然。列表之类的其他对象也可以传递。

4.1.7　关于变量的作用域

变量，都有各自的有效范围，称为"变量的作用域"。如果不理解作用域，就会导致不小心改变了变量的内容、无法引用变量等问题的出现，请注意。

函数与作用域

在函数外部定义的变量的范围是整个程序。因此，从函数的内部也可以引用。这种变量称为"全局变量"。

如果函数的变量只在函数内部有效。这种变量称为"局部变量"。

下面的示例，确认全局变量g1、my_fun1()函数的参数num的值。

Sample scope1.py

```
def my_func1(num):
    print("num内部:", num)    ←❶
    print("g1内部:", g1)      ←❷

g1 = "hello"    ←❸
my_func1(4)     ←❹
print("g1外部:", g1)    ←❺
print("num外部:", num)    ←❻
```

❶使用print()函数显示my_func1()函数的参数num。❷使用print()函数显示全局变量g1。

❸将"hello"赋给全局变量g1，❹调用my_func1()函数。

❺显示全局变量g1。

❻显示参数num。变量num对于my_func1()函数来说是局部变量，有效范围是该函数内部。因此，从外部访问该变量时会出现错误。

运行结果

```
num内部: 4       ←  ❶的结果
g1内部: hello    ←  ❷的结果
g1外部: hello    ←  ❺的结果
Traceback (most recent call last):  ←  如前所述，出现了错误
  File "/Users/o2/Documents/Work/Python2018/PChap4/
samples4-1/scope1.py", line 8, in <module>
    print("num外部:", num)
NameError: name 'num' is not defined
```

变量的作用域

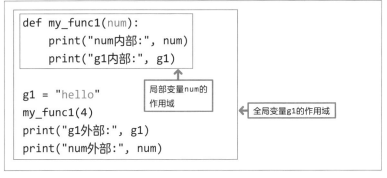

从函数的外部看不到参数num，出现了 ❻ 的 name 'num' is not defined 的错误。

意思是num没有被定义！

函数内部赋值的变量是局部变量

Python的特征是"函数内部赋值的变量，是局部变量"。scope1.py 中的变量g1是全局变量。修改程序，假设在my_func1()函数内部为g1赋值。这样的话，函数内部的变量g1是局部变量，从函数内部看不到全局变量g1。

`Sample` scope2.py

```
def my_func1(num):
    g1 = "goodbye"        ←❶  为g1赋值成为局部变量
    print("num内部:", num)  ←❷
    print("g1内部:", g1)    ←❸

g1 = "hello"  ←❹
my_func1(4)
print("g1外部:", g1)  ←❺
```

❶中将 "goodbye" 赋给变量 g1，这样的话，g1 就是 my_func1() 函数的局部变量。

❹中的全局变量 g1 与 my_func1() 函数毫无关系。

运行结果

```
num内部: 4          ←  ❷ 的结果
g1内部: goodbye     ←  ❸ 的结果
g1外部: hello       ←  ❺ 的结果
```

 名称相同的局部变量和全局变量，在函数内部优先被当作局部变量处理。

确实，❸和❺变量名相同，但是值不同。

如何在函数内部为全局变量赋值

默认情况下，在函数内部将值赋给变量，会成为局部变量。根据场合的不同，如果想在函数内部为全局变量赋值，也就是想修改全局变量的话，要在 def 语句后面追加 global 语句。

在函数内部为全局变量赋值

```
def 函数名():
    global 变量1, 变量2, ...
```

用global语句指定的变量，在函数内部赋值也是全局变量。下面，修改前面所述的scope2.py，在my_func1()函数的定义中添加global语句，将变量g1声明为全局变量。

Sample scope3.py

```
def my_func1(num):
    global g1        ←❶
    g1 = "goodbye"
    print("num内部:", num)   ←❷
    print("g1内部:", g1)      ←❸


g1 = "hello"   ←❹
my_func1(4)
print("g1外部:", g1)   ←❺
```

❶的global语句将变量g1声明为全局变量。其他部分与scope2.py相同。

运行结果

```
num内部: 4          ← ❷的结果
g1内部: goodbye     ← ❸的结果
g1外部: goodbye     ← ❺的结果
```

这次，❸和❺都显示为goodbye。

在JavaScript中，在函数内部使用var声明的变量就是局部变量，其他情况都是全局变量。另外，在函数内部向全局变量赋值，仍然是全局变量。

是的。Python和JavaScript在函数内部对局部变量和全局变量的处理感觉是相反的，注意一下比较好。

4 2 处理鼠标事件

在 GUI 程序中，处理用户点击鼠标、按键发生的事件是很重要的。本节讲述使用 turtle 模块捕获鼠标点击和拖曳发生的事件，并且处理事件。

↘ 重点在这里

- ✓ 捕获鼠标点击事件的 onscreenclick() 方法
- ✓ 返回从乌龟当前位置到指定位置的角度的 towards() 方法
- ✓ 设定乌龟角度的 setheading() 方法
- ✓ 捕获鼠标拖曳事件的 ondrag() 方法
- ✓ 把 onscreenclick() 方法 /ondrag() 方法设定为无效，参数设置为 None 再执行

[4.2.1 捕获鼠标的点击事件]

在使用 turtle 模块的程序中，一旦执行 Screen 类的 mainloop() 方法，就会进入事件循环，也就是等待事件发生的状态。首先，按照 GUI 程序的一般惯例，处理用户点击鼠标时的事件。

用 onscreenclick() 方法处理鼠标点击事件

捕获鼠标的点击事件，使用 Screen 类的 onscreenclick() 方法。

方法

onscreenclick(func, btn=1, add=None)

参 数
func：被调用的函数
btn：按钮编号，默认是 1（左键）

162

add：None（指定新的函数），True（追加执行的函数）

说 明
在窗口内点击鼠标，把点击位置作为参数，调用参数func指定的函数

~~~~~~~~~~

　　第一个参数是指定一个函数。在窗口内点击鼠标时，将点击位置的x和y坐标作为参数，调用指定的函数。

onscreenclick()方法的点击事件处理

onscreenclick()方法的第一个参数指定的函数是my_func这样的函数名，后面不需要圆括号吗？

函数以对象的形式被设定为参数时，不需要加括号。另外，设定的函数需要x坐标和y坐标这两个参数。

感觉有点难……

看一下实际的例子。没有那么难，没关系。

从点击的位置开始画线

　　下面，作为onscreenclick()方法的示例，演示一个从鼠标点击位置开始画线的例子。

Sample onclick1.py

```python
import turtle

def move_turtle(x, y):          ←❶
    my_turtle.goto(x, y)        ←❷

screen = turtle.Screen()
screen.setup(800, 800)
screen.title("点击开始画线")
my_turtle = turtle.Turtle()
my_turtle.pensize(10)
my_turtle.shapesize(3)
my_turtle.shape("turtle")

# 被点击时调用move_turtle
screen.onscreenclick(move_turtle)    ←❸
screen.mainloop()
```

❸设定为执行onscreenclick()方法，点击以后调用move_turtle()函数。仅仅指定了第一个参数，因此默认是点击鼠标左键。

❶的move_turtle()函数，点击位置的x和y坐标作为该函数的参数被传递。

❷将点击坐标作为参数执行goto()方法。

运行结果（乌龟方向朝右）

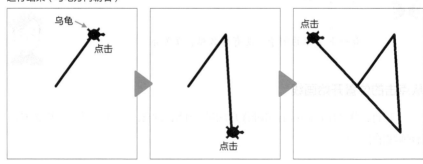

让乌龟的朝向偏向点击位置

前面所述的onclick1.py中乌龟的朝向不太自然。为了让乌龟朝着点击的方向偏转，下面修改move_turtle()函数。

Sample onclick2.py（move_turtle()函数的一部分）

```
def move_turtle(x, y):
    my_turtle.setheading(my_turtle.towards(x, y))    ←❶
    my_turtle.goto(x, y)
```

追加的是❶，将towards()方法的返回值作为setheading()方法的参数，请注意这一点。Turtle类的towards()方法，用于返回当前到指定坐标之间的角度。setheading()方法按照指定的角度改变乌龟的朝向。

> **方 法**
>
> # towards(x, y)
>
> 参 数
> x：x坐标
> y：y坐标
>
> 返回值
> **角度**
>
> 说 明
> **返回乌龟当前位置到坐标（x,y）的角度**

> **方 法**
>
> # setheading(angle)
>
> 参 数
> angle：角度
>
> 返回值
> **无**
>
> 说 明
> **按参数angle设置乌龟的朝向**

4.2 ▼ 处理鼠标事件

165

用towards()方法求出乌龟当前位置到点击位置的角度，将其传递给setheading()方法，乌龟就朝着点击方向偏转。这样，在窗口上点击，乌龟就朝着反向偏转并移动。

运行结果（乌龟朝着点击方向偏转）

4.2.2　在点击的位置绘制圆

下面，再介绍一个以点击位置为中心绘制圆的例子。

在点击位置绘制圆

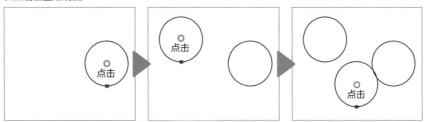

下面是示例程序。

Sample onclick3.py

```
import turtle

def draw_circle(x, y):
    my_turtle.penup()
    my_turtle.goto(x, y - radius)    ←❷    ←❶
    my_turtle.pendown()
    my_turtle.circle(radius)    ←❸
```

166

```
screen = turtle.Screen()
screen.setup(800, 800)
screen.title("从点击位置画圆")
my_turtle = turtle.Turtle()
my_turtle.pensize(4)
my_turtle.shape("turtle")
my_turtle.color("blue")

# 圆的半径
radius = 100    ←❹
screen.onscreenclick(draw_circle)    ←❺
screen.mainloop()
```

❹把半径赋给变量radius，❺点击以后调用draw_circle()函数。

❶是draw_circle函数，❸使用circle()方法以半径radius绘制圆。此时，为了将点击位置作为圆心，❷通过goto()方法从y坐标方向向下移动radius长度。

在乌龟移动的过程中忽略点击行为

之前的例子中，在乌龟的移动过程中，一点击鼠标就中断绘制，开始新的绘制。例如，在上述的onclick3.py绘制圆的过程中点击鼠标，则当前绘制过程中的圆被中断，开始在新的位置继续绘制圆。之后，还要再次开始绘制上一个圆，变成了不自然的图形。

onclick3.py在圆的绘制过程中点击鼠标，绘制被中断，并开始了新的绘制

为了解决这个问题，可以在函数开始的地方先将onscreenclick()方法传递为None再执行，这样就不再响应点击事件。然后在函数结束的地方调用onscreenclick()方法。

167

修改 onclick3.py，设定为在绘制圆的过程中不响应点击事件。

`Sample` onclick4.py（draw_circle() 函数的一部分）

```
def draw_circle(x, y):
    screen.onscreenclick(None)        ←❶
    my_turtle.penup()
    my_turtle.goto(x, y - radius)
    my_turtle.pendown()
    my_turtle.circle(radius)
    screen.onscreenclick(draw_circle)  ←❷
```

追加的是❶和❷的 onscreenclick() 方法。

❶的 onscreenclick() 方法的参数使用 None 表示什么？

表示什么都没有的特别的对象。onscreenclick() 方法使用 None 作为参数执行的话，事件处理将不执行。

[4.2.3 拖曳乌龟绘制图形]

与在屏幕上点击鼠标的情况类似，使用鼠标拖曳乌龟时，会发生"拖曳事件"。使用拖曳事件，可以实现在乌龟的拖曳轨迹上绘图。

用 ondrag() 方法捕获拖曳事件

使用 Turtle 类的 ondrag() 方法可以捕获拖曳事件。

方 法

ondrag(func，btn=1，add=None)

参 数
func：被调用的函数
btn：按钮编号，默认为 1（左键）
add：None（指定新的函数），Ture（追加执行的函数）

返回值
无

作为 ondrag() 方法的实例，下面是一个拖曳着乌龟画线的例子。

拖曳着乌龟画线

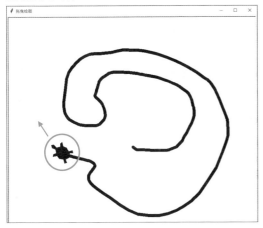

代码如下。

`Sample` ondrag1.py（一部分）

```python
import turtle

def draw_line(x, y):
    my_turtle.ondrag(None)          ←❷
    my_turtle.setheading(my_turtle.towards(x, y))   ←❸    ←❶
    my_turtle.goto(x, y)            ←❹
    my_turtle.ondrag(draw_line)     ←❺

~略~

my_turtle.ondrag(draw_line)        ←❻
screen.mainloop()
```

❻执行 ondrag() 方法，发生拖曳事件时调用函数 draw_line() 方法。ondrag() 方法不是 Screen 类的方法，而是 Turtle 类的方法。

❶是 draw_line() 函数，❸使用 setheading() 方法设定乌龟的朝向，❹使用 goto() 方法移动到拖曳事件发生的位置。

此时，函数的前面❷执行ondrag（None），设定为不响应拖曳事件，在最后的❺中将draw_line作为参数执行ondrag()方法，设定为响应拖曳事件。

ondrag() 方法是以乌龟为对象执行的呀！

ondrag() 方法以屏幕为对象来执行，会怎么样？

Screen 类中没有 ondrag() 方法，如果执行的话会出错。

对于乌龟，不能执行 onscreenclick() 方法吗？

如果要捕获点击乌龟的事件，不是使用 onscreenclick() 方法，而是使用 onclick() 方法。

4.2.4 　使用点击事件和拖曳事件制作绘图软件

在同一个程序中，可以同时设定点击事件和拖曳事件。下面制作一个简单的绘图软件，在窗口上点击时就让乌龟移动到点击位置，拖曳乌龟时就绘制拖曳的轨迹。

点击时移动乌龟，拖曳时绘图

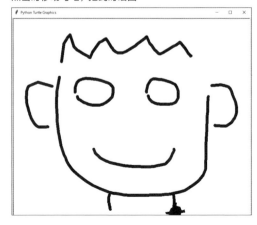

看一下代码清单

代码清单如下所示。

1

2

3

4

5

6

7

4.2

▼

处理鼠标事件

`Sample` ondrag2.py（一部分）

```
def draw_line(x, y):
    my_turtle.ondrag(None)
    screen.onscreenclick(None)
    my_turtle.setheading(my_turtle.towards(x, y))    ←①
    my_turtle.setpos(x, y)
    my_turtle.ondrag(draw_line)
    screen.onscreenclick(move_turtle)

def move_turtle(x, y):
    my_turtle.ondrag(None)
    screen.onscreenclick(None)
    my_turtle.penup()
    my_turtle.setheading(my_turtle.towards(x, y))    ←②
    my_turtle.goto(x, y)
    my_turtle.pendown()
    my_turtle.ondrag(draw_line)
    screen.onscreenclick(move_turtle)

~略~
my_turtle.ondrag(draw_line)      ←③
screen.onscreenclick(move_turtle)    ←④
screen.mainloop()
```

③执行 ondrag() 方法，如果拖曳乌龟就调用 draw_line() 函数。

④执行 onscreenclick() 方法，如果点击屏幕就调用 move_turtle() 函数。

①是 draw_line() 函数，处理内容与 ondrag1.py 相同。

②是 move_turtle() 函数，处理内容与 onclick2.py 相同。

但是，①和②都是一开始设置为点击和拖曳无效、最后再返回原始状态，需要注意这一点。

可以做这么简单的绘图软件呀！

如果巧妙地使用这些方法，可以做出各种各样简单的程序。

171

5

灵活运用字符串、列表、元组和字典

　　字符串、列表和元组的基本操作，在前面已经介绍过。本章将对这些数据类型稍微深入一点进行讲解。另外，也将对利用键和值进行元素管理的字典进行讲解。

1 : 灵活运用字符串

Python中字符串（str 类）的基本操作，前面已经介绍过。本节为灵活运用字符串，讲解从字符串指定位置取出字符的方法，并且介绍 str 类具有的实用的方法。

↘ 重点在这里

✓ 通过指定索引可以访问字符串中的字符
    字符串 [索引]

✓ 使用切片可以取出部分字符串
    字符串 [开始位置 : 结束位置 : 步长]

✓ 使用 "f 字符串" 实现字符串中嵌入变量的替换

✓ 检查字符串中某字符是否存在的 in 运算符 /find() 方法

[5.1.1 访问字符串中的字符]

所谓 "字符串"，是指由一连串的字符连接而成的东西。Python 中的字符串是 str 类的实例。指定索引可以取得字符串中的某个字符。

访问个别的字符

之前使用索引从列表中访问个别的元素。对于字符串同样也可以使用索引，访问指定位置的字符。

访问指定位置的字符

字符串[索引]

索引是从 0 开始的整数值。在交互模式下试一下。

```
>>> s = "月火水木金土日" Enter
>>> s[1] Enter
'火'
>>> s[3] Enter
'木'
```

与列表相同，也可以使用负数索引从最后一个字符开始访问。

```
>>> s[-1] Enter    ← 最后一个字符
'日'
>>> s[-3] Enter    ← 倒数第3个字符
'金'
```

从后面指定字符时，最后一个字符的索引是 -1！

经常会这样使用，认真地记住比较好。

赋值以后可以修改字符串内部的字符吗？试一下。

```
>>> s[1] = "空" Enter
Traceback (most recent call last):
  File "<stdin>", line 1, in <module>
TypeError: 'str' object does not support item assignment
```

啊，出错了。

字符串在后期是不可变更的，称为"不可变"的数据类型。

字符串、列表、元组是序列型

在Python中，字符串、列表、元组被称为"序列型"的数据类型。对于序列型，元素是有序的，可以个别地取出每个值。

序列型	共通的操作

序列型

字符串(str类)
"Hello"

列表(list类)
[13, 12, 19, 9]

元组(tuple类)
("春", "夏", "秋", "冬")

共通的操作

● 使用len()函数获取元素总数
● 使用索引取得元素
● 使用切片取得一系列元素
● "+"运算符用于连接
● in/not in运算符用于检查元素是否存在
⋮

字符串可以使用索引访问, 因此是序列型!

正确地讲, 应该是"文本序列型"。for语句中用到的range 对象也是序列型。

是的。那么, 也能使用索引访问!

```
>>> r = range(10) Enter
>>> r[0] Enter
0
>>> r[-2] Enter
8
```

真的!

使用len()函数获取字符总数

序列型数据的元素总数 (字符串的长度) 使用len()函数可以获取。

```
>>> len("月火水木金土日") Enter
7
```

5.1
▼
灵
活
运
用
字
符
串

175

这里有个问题。访问最后的元素一般指定索引值为 -1，其实也可以使用 len() 函数来访问。具体该如何做呢？

将索引指定为 len()-1 就可以了吧？

```
>>> s = "月火水木金土日" Enter
>>> s[len(s) -1] Enter
'日'
```

很好！还有，字符串是可遍历数据类型，不使用索引，使用 for 语句也可以一个一个地取出字符。

```
>>> for s in "春夏秋冬": Enter
...       print(s) Enter
...   Enter
春
夏
秋
冬
```

"可遍历"是什么意思？

可以用 for 语句在列表、元组之类的对象中循环处理的意思。

[5.1.2　使用切片取出部分字符串]

从字符串中取出指定范围的字符串，可以用如下形式指定范围。把这种方法称为"切片"。

取出指定范围的字符串

```
字符串[开始位置:结束位置]
```

开始位置指定为首个字符的索引，结束位置指定为最后字符的下一个索引。例如，取出第二个字符到第四个字符，开始位置是1，结束位置是4。

```
>>> s = "月火水木金土日" [Enter]
>>> s[1:4] [Enter]
'火水木'
```

切片（注意索引的指定位置）

 结束位置要指定为下一个字符的索引。

是的，字符串的索引是从0开始的，要注意。

取出从指定位置开始到最后的所有字符

如果省略结束位置参数，会一直取到最后的字符。

```
>>> s = "月火水木金土日" [Enter]
>>> s[2:] [Enter]    ← 从第3个字符开始，以后的字符全部取出
'水木金土日'
```

取出到指定位置为止的字符

相反地，如果要取出从开始位置到指定位置的字符，可以省略开始位置的索引。

```
>>> s = "月火水木金土日" [Enter]
>>> s[:4] [Enter]    ← 从开始位置一直取到第4个字符
'月火水木'
```

开始位置、结束位置可以同时省略吗？

试一下。

这样的！

```
>>> s[:] Enter
'月火水木金土日'
```

原来如此。取出了全部的字符。不过这并没有什么意义呀。

指定步长

可以在切片的最后指定步长（每隔几个字符被取出）。

步长（每隔几个字符被取出）的指定

字符串[开始位置：结束位置：步长]

例如，索引为 1 ~ 7，要取出奇数序号的字符，将步长指定为2。

```
>>> n = "0123456789" Enter
>>> n[1:8:2] Enter
'1357'
```

如果没必要指定开始位置和结束位置，省略也没关系。每3个字符取出一个，写法如下。

```
>>> n[::3] Enter
'0369'
```

要返回字符串逆序后的结果，要如何做？

将开始位置指定为最后的索引，结束位置指定为-1，步长设置为-1，可以吗？

```
>>> n[9:-1:-1] [Enter]
''
```

啊，不行。

实际上，把步长设置为-1即可。

```
>>> n[::-1] [Enter]
'9876543210'
```

哎？

[5.1.3 字符串被其他的字符串替换的"f字符串"]

下面介绍将字符串或数值嵌入别的字符串的一种方法 ——f字符串（ formatted string ）。如果想把变量的值或计算结果嵌入字符串中，使用这种方法很方便。

在字符串字面量的前面加上f，就被识别为f字符串。

f字符串的格式

```
f"字符串"
```

f字符串是在字符串的内部，把想要嵌入的值放到嵌入位置写成"{变量或值}"这种形式，可能难以理解，下面举个简单的例子。

```
>>> year = 2020 Enter
>>> s = f"东京奥林匹克运动会是{year}年" Enter    ←❶
>>> s Enter
'东京奥林匹克运动会是2020年'
```

❶是字符串，要把变量 year 的值嵌入 {year} 的位置。

f字符串。"{}"内的变量，用变量的值替换

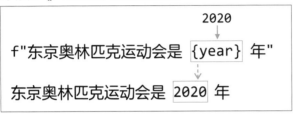

在"{}"里面使用算式，可以把计算结果嵌入。

```
>>> year = 2017 Enter
>>> s = f"公元{year}年是日本平成{year-1988}年" Enter
>>> s Enter
'公元2017年是日本平成29年'
```

 这个例子中，变量 year 和 year-1988 的结果是整数值，即使不转换为字符串也可以吗？

是的，会自动转换为字符串。另外，f字符串是 Python 3.6 以后导入的功能。对于以前的版本，需要使用 str() 类里面的 format() 方法实现嵌入。如果有兴趣可以试一下。

函数或方法的执行结果也可以嵌入字符串。下面使用 upper() 方法将字符串转换为大写形式后嵌入。

```
>>> s = "hello" Enter
>>> f"{s.upper()} PYTHON" Enter
'HELLO PYTHON'
```

指定整数的显示格式

"{值 : 格式}"这种写法可以指定数值的显示格式。

例如，在格式中指定逗号，可以将整数值在每3位间显示一个逗号。

```
>>> yen = 235050 [Enter]
>>> print(f"{yen:,}日元") [Enter]
235,050日元
```

指定为下表中的格式，可以将数值显示为十进制以外的进制形式。

将数值显示为十进制以外的进制形式

格式	说明
d	十进制
b	二进制
o	八进制
x	十六进制

默认指定为d，显示为十进制。

```
>>> n = 255 [Enter]
>>> print(f"n -> 十进制:{n:d}") [Enter]    ← ":d" 省略也一样
n -> 十进制:255
>>> print(f"n -> 二进制:{n:b}") [Enter]
n -> 二进制:11111111
>>> print(f"n -> 八进制:{n:o}") [Enter]
n -> 八进制:377
>>> print(f"n -> 十六进制:{n:x}") [Enter]
n -> 十六进制:ff
```

格式中的d或b的前面可以指定0的位数。此时，各位数字前用多个0填充。

```
f"{9:03d}"    ➡    009
```

指定小数点以后的位数

如果想指定小数点以后的位数，在格式中指定".位数 f"即可。

```
>>> print(f"1/3 -> {1/3:.3f}") Enter    ← 小数点以后3位
1/3 -> 0.333
>>> print(f"1/3 -> {1/3:.5f}") Enter    ← 小数点以后5位
1/3 -> 0.33333
```

百分数如何表示？

将f换成%就显示为百分数。还可以指定小数点后的位数。

```
>>> print(f"{0.945:.2%}") Enter
94.50%
```

5.1.4 查询是否包含指定的字符串

在字符串中查询是否包含某个字符串，可以使用in运算符或find()方法。

使用in运算符查询是否包含指定的字符串

使用in运算符，可以查询字符串内部是否包含指定的字符串。

使用in运算符查询字符串2中是否包含字符串1

```
"字符串1" in "字符串2"
```

结果是，如果字符串2中包含字符串1，返回True，否则返回False。

```
>>> s = "春夏秋冬" Enter
>>> "春" in s Enter
True
>>> "正月" in s Enter
False
```

不包含指定的字符串也能返回True吗？

使用not运算符，可以将运算符的结果进行取反。

```
>>> not("春" in s) Enter
False
```

这样也可以。实际上还有一个not in运算符，当不包含时
返回True，包含时返回False。

```
>>> "春" not in s Enter
False
```

嗯。

使用find()方法查询是否包含指定的字符串

使用in运算符，可以知道一个字符串中是否包含某个字符串。但是不知道具体出现的位置。当包含某个字符串，同时想获取具体的位置索引时，应该使用find()方法。

方 法

~~~~~~~~~~~~~~~~~~~

find(sub[,start[, end]])

参 数
sub：子字符串
start：开始位置
end：结束位置

返回值
找到的位置的索引

说 明
如果在字符串中查找到了子字符串，就返回子字符串的索引，找不到就返回 -1。
可以用参数 start 指定开始位置，用参数 end 指定结束位置

~~~~~~~~~~~~~~~~~~~~~~

```
>>> s = "Hello Python, Hello JavaScript"  [Enter]
>>> s.find("Python")  [Enter]
6
```

　　find()方法返回从字符串最初检索到的位置索引。如果指定了参数start，还可以从指定的位置开始向后检索。当字符串中包含多个目标字符串时，如果想获取第二个以后的目标字符串索引，是非常方便的。

```
>>> s = "Hello Python, Hello JavaScript"  [Enter]
>>> s.find("Hello")  [Enter]          ← 查询最开始的Hello的位置
0
>>> s.find("Hello", 3)  [Enter]       ← 从索引是3的字符串往后开始检索
14
```

[5.1.5　各种各样的字符串处理]

　　字符串中可以使用各种各样的运算符和方法。详细请参考操作文档。下面介绍经常使用的功能。

获取字符串出现的次数

　　获取包含多少个指定的字符串，可以使用count()方法。

方　法

count(sub[, start[, end]])

参　数
sub：字符串
start：开始位置
end：结束位置

返回值
出现次数

说　明
返回start与end之间子字符串sub出现的次数

```
>>> s = "Hello Python, Goodbye Python" [Enter]
>>> s.count("Python") [Enter]
2
```

将字符串按指定的字符分隔并转换为列表

字符串中经常有多个词语被分隔符隔开存放的情况。下面例子的字符串中，使用逗号分隔多个国家名称。

> "美国,日本,中国,意大利"

这个数据使用逗号进行分隔，可以将其转换为列表的元素。使用 split() 方法可以实现。

5.1
▼
灵
活
运
用
字
符
串

方 法

split(sep=None, maxsplit=-1)

参 数
sep：分隔符（省略的话默认为空格）
maxsplit：最大分隔数

返回值
分隔后形成的列表

说 明
使用参数 sep 作为分隔符，返回列表

下面的程序清单用于将国家名称之间用逗号隔开的字符串分解以后转换为列表，再用 for 语句输出结果。

Sample split1.py

```
countries = "美国,日本,中国,意大利"
clist = countries.split(",")   ←❶
for c in clist:   ←❷
    print(c)
```

❶ 执行 split() 方法，将结果赋给变量 clist。
❷ 的 for 语句，将列表 clist 的元素按顺序输出。

运行结果

```
美国
日本
中国
意大利
```

split()方法用于将从文本文件中读取的行转换为列表，很方便呀。

不能转换为元组吗？

不能直接转换。如果要转换为元组，将❶得到的列表传递给tuple()构造函数即可。

```
ctuple = tuple(countries.split(","))
```

不指定参数sep的情况下，使用空白文字作为分隔符。这种情况下，有多个连续的空白文字也没关系。

```
>>> s = "春 夏秋   冬" Enter
>>> s.split() Enter
['春', '夏', '秋', '冬']
```

空白文字是指空格吗？

当然是，其他的制表符或换行符也属于空白文字。

制表符是"\t"、换行符是"\n"。试一下。

```
>>> s = "春 夏 \t秋 \n\t 冬" Enter
>>> s.split() Enter
['春', '夏', '秋', '冬']
```

果真如此。

方法的连续执行

str类中的很多方法，返回的结果仍然是字符串。例如，upper()方法用于返回字符串的大写形式。在这个方法后面加上小数点就可以连续执行。

方法的连续执行

实例.方法1(~).方法2(~)

例如，有英文字母的情况下，使用find()方法进行检索时想要忽略大小写，可以预先使用upper()方法将所有内容转换为大写形式，之后再执行find()方法。

```
>>> s = "Hello Python, Java, bacic" Enter
>>> su = s.upper() Enter    ←①
>>> su.find("PYTHON") Enter  ←②
6
```

这种情况下，①和②可以写在同一行。

```
>>> s.upper().find("PYTHON") Enter
6
```

原来如此。将方法巧妙地组合使用，变得很简洁。

用到的变量数也减少了呢。例如①的变量su，连续执行方法的话，这个变量也不需要。

但是有个问题。忽略大小写时，如何统计指定字符串的出现次数？

简单。upper()和count()方法组合使用就可以呀！

```
>>> s = "python Python java PYTHON" Enter
>>> s.upper().count("PYTHON") Enter
3
```

字符串操作的基本方法

下面总结一下字符串操作的基本方法。

字符串操作的基本方法

方法	说明
count(字符串[,开始[,结束]])	返回字符串中指定字符串出现的次数
endswith(字符串)	字符串中以指定的字符串结尾时返回True,否则返回False
find(字符串)	字符串中包含指定的字符串时返回True,否则返回False
join(可遍历对象)	将可遍历对象的元素连接为字符串
lower()	返回字符串的小写形式
replace(字符串1,字符串2)	将字符串中的字符串1替换为字符串2
split(分隔符)	使用分隔符将字符串分隔,返回列表
strip([字符串的排列])	删除字符串开头或结尾指定的字符。不指定参数时,空白文字(空格、制表符、换行符)被移除
startswith(字符串)	字符串中以某个字符串开头时返回True,否则返回False
upper()	返回字符串的大写形式

5 / 2 : 灵活运用列表和元组

列表是一种用变量名和索引来管理一系列数据的数据类型。元组是后期不可修改的列表。本节将讲解列表和元组的相关操作。

↘ 重点在这里

✓ 使用切片可以从列表、元组中取出指定范围的元素

　　列表或元组 [开始位置 : 结束位置 : 步长]

✓ "+" 运算符用来连接、"*" 运算符用来指定重复的次数

✓ 检索是否包含指定的元素，可以使用 in 运算符和 index() 方法

✓ random 模块的 choice() 方法可以随机地取出元素

[5.2.1　列表、元组是序列型

如上一节所述，字符串、列表、元组是被称为"序列型"的数据类型。序列型是指元素有序、指定索引可以取出个别元素的数据类型。

用切片取出指定范围的元素

与字符串一样，可以取出指定的元素。

```
>>> kanto = ["东京", "神奈川", "埼玉", "千叶", "茨城", "群马", →
"栃木"] Enter
>>> kanto[1] Enter    ← 取出索引是1的元素
'神奈川'
>>> kanto[-2] Enter    ← 取出倒数第二个元素
'群马'
```

进一步地，使用切片可以取出列表或元组中指定范围的元素。

从列表或元组中取出指定范围的元素

```
列表或元组[开始位置:结束位置:步长]
```

```
>>> kanto = ["东京", "神奈川", "埼玉", "千叶", "茨城", "群马", →
"栃木"] Enter
>>> kanto[1:4] Enter        ◀ 取出索引是1～3的元素
['神奈川', '埼玉', '千叶']
>>> kanto[::2] Enter        ◀ 从最开头隔一个取出一个元素
['东京', '埼玉', '茨城', '栃木']
```

 如果要取出索引到3为止的元素，结束位置要写成4。结束位置的参数总是指定为下一个索引值。

如果要取出索引到3为止的元素，结束位置要写成4。结束位置的参数总是指定为下一个索引值。

是的。那么，如果要取得列表的逆序形式，该如何做呢？

 与字符串一样，指定步长为-1，可以吗？

```
>>> kanto = ["东京", "神奈川", "埼玉", "千叶", →
"茨城", "群马", "栃木"] Enter
>>> kanto[::-1]
['栃木', '群马', '茨城', '千叶', '埼玉', '神奈
川', '东京']
```

正确！ reverse()方法可以直接转换为逆序，但只能用于列表。

```
>>> kanto.reverse() Enter
>>> kanto Enter
['栃木', '群马', '茨城', '千叶', '埼玉', '神奈川', '东
京']
```

5.2.2 列表或元组的连接

"+"运算符作用于数值时，进行加法运算，作用于字符串时，则进行字符串的连接。"+"运算符同样可以用于列表或元组之间的连接操作。

```
>>> l1 = ["春", "夏"] Enter
>>> l2 = ["秋", "冬"] Enter
>>> l3 = l1 + l2 Enter     ← 连接列表
>>> l3 Enter
['春', '夏', '秋', '冬']
```

列表和元组可以连接吗？

类型不同，不能连接。

```
>>> t = (45, 55) Enter
>>> l1 = [34, 5] Enter
>>> l3 = l1 + t Enter
Traceback (most recent call last):
  File "<stdin>", line 1, in <module>
TypeError: can only concatenate list (not
"tuple") to list
```

这种情况下，使用list()构造函数或tuple()构造函数转换为同种类型后再连接即可。

```
>>> l3 = l1 + list(t) Enter
>>> l3 Enter
[34, 5, 45, 55]
```

重复连接列表或元组

数值的乘法运算使用"*"运算符，使用"*"运算符还可以多次连接列表或元组。

```
>>> l = ["红色", "蓝色"] Enter
>>> ll = l * 4 Enter
>>> ll Enter
['红色', '蓝色', '红色', '蓝色', '红色', '蓝色', '红色', '蓝色']
```

生成只有一个元素的列表，操作如下。

```
>>> animal = ["猫"] Enter
>>> type(animal) Enter    ← type()函数
<class 'list'>
```

那么有个问题。生成只有一个元素的元组，该如何做呢？

 用圆括号把值括起来？

```
>>> t = ("犬") Enter
>>> type(t) Enter
<class 'str'>
```

 用type()函数确认，居然返回了字符串！

实际上，元组的"()"必须明确地表示出来。因此，仅仅用"()"括起来会被认为是字符串或数值。即使只有一个元素的元组，最后也需要加上逗号。

```
>>> t = ("犬",) Enter
>>> type(t) Enter
<class 'tuple'>
```

 原来如此。但是元组后期不能再追加元素，只有一个元素的元组也没什么意义呀。

5.2.3 检索列表或元组是否包含指定的元素

与字符串一样，使用 in 运算符 /not in 运算符，可以检索列表或元组中是否存在某元素。

```
>>> years = [1965, 1959, 2001, 1987, 1959, 2011] [Enter]
>>> 1959 in years [Enter]
True
>>> 2015 not in years [Enter]
True
```

使用 index() 方法检索元素的索引

如果既要检查元素是否存在，又要获取该元素的索引，可以使用 index() 方法。

方 法
～～～～～～～～～～～

index(x[, start[, stop]])

参 数
x：检索值
start：开始位置
end：结束位置

返回值
索引

说 明
返回参数 x 的索引。如果找不到一致的值，会发生 ValueError 的异常
～～～～～～～～～～～

```
>>> colors = ["blue", "green", "red", "yellow"] [Enter]
>>> colors.index("green") [Enter]
1
```

如果找不到，会发生 ValueError 的异常。

```
>>> colors.index("orange") Enter
Traceback (most recent call last):
  File "<stdin>", line 1, in <module>
ValueError: 'orange' is not in list
```

在字符串中使用的find()方法这里不能用吗?

列表或元组里面没有find()方法。

那么,在字符串中可以使用index()方法吗?

这个可以。

```
>>> s = "日月火水木金土" Enter
>>> s.index("木") Enter
4
```

关于异常处理

程序运行时发生的错误，称为"异常"。发生异常时会显示错误消息、程序随即终止。要避免程序出现异常，需要进行"异常的捕获和处理"。

异常处理

```
try:
    可能发生异常的处理  ←❶
except 例外:
    发生了异常时的处理  ←❷
```

❶的try语句块用于描述可能发生异常的处理。except用于指定捕获到的异常。如果❶的except指定的异常发生了，程序不会中断，而是执行❷中的语句块。

例如，index()方法在没有找到元素的情况下发生ValueError异常。下面演示一个异常处理的例子。使用index()方法，检索用户输入的字符串是否位于列表colors中，并且显示消息。

Sample exception1.py

```
colors= ["红", "蓝", "黑", "白"]

c = input("请输入颜色: ")
try:
    if colors.index(c) >= 0:
        print("颜色在列表中")
except:
    print("颜色不在列表中")
```

运行结果

请输入颜色：紫 [Enter] ← 指定了一个列表中没有的颜色
颜色不在列表中 ← 进行了异常处理，显示出消息

[5.2.4 从列表或元组中随机取出元素]

使用random模块的choice()函数，可以从列表或元组中随机取出一个元素。

函　数

◆◆◆◆◆◆◆◆◆◆◆◆◆◆

choice(1)

参　数

1：列表或元组

返回值

随机取出的元素

说　明

从列表或元组中随机取出元素

◆◆◆◆◆◆◆◆◆◆◆◆◆◆

在交互模式下试一下。

```
>>> import random  Enter
>>> colors = ["blue", "green", "red", "yellow"]  Enter
>>> random.choice(colors)  Enter
'red'
```

除了使用choice()函数，还可以使用其他方法从列表colors中随机取出元素。

colors的元素数是4，可以使用randrange()函数。

```
>>> colors[random.randrange(4)]  Enter
'blue'
```

那样的话，如果列表中的元素发生了变化，比较难以处理。事先使用len()函数比较好。

```
>>> colors[random.randrange(len(colors))]  Enter
'yellow'
```

这样啊。不过还是 choice() 函数更为简单。

编写占卜程序

使用 choice() 函数，显示"大吉""中吉""小吉""凶"之中的任意一个，示例如下。

Sample omikuji1.py

```
import random

kujis = ["大吉", "中吉", "小吉", "凶"]    ←❶
unsei = random.choice(kujis)    ←❷
print(f"今天的运势: {unsei}")    ←❸
```

❶将各个选项赋给列表 kujis。

❷使用 choice() 函数从列表 kujis 中抽签。

❸用 f 字符串将变量 unsei 嵌入，然后显示出来。

运行结果 1

今天的运势: 大吉

运行结果 2

今天的运势: 中吉

有一个问题。omikuji1.py 中每一个签都是同等概率显示的。如果要让"大吉""中吉"更多地出现，怎么办才好？

在列表 kujis 的元素中，增加"大吉"和"中吉"，比如这样：

```
kujis = ["大吉", "中吉", "中吉","小吉", "小吉", →
"小吉", "凶"]
```

原来如此！

不过，choice() 函数的参数是序列型，也可以用于列表和元组以外的场合。

也能用于字符串，比如这样：

```
>>> s = "春夏秋冬" Enter
>>> random.choice(s) Enter
'秋'
```

是的。range 对象也可以。这里有个问题。将 10 以下的奇数随机取出，该怎么做？

简单，这样：

```
>>> random.choice(range(1,10,2)) Enter
3
```

果然厉害！

可变与不可变

程序语言的数据类型中，大致分为可变（可以修改）和不可变（不可修改）两种类型。

可变的数据类型
● 列表
● 字典
● 集合

不可变的数据类型
● 字符串
● 元组

集合用于管理不重复元素的数据类型。

5.2.5　使用shuffle()函数打乱列表

random模块中有一个用于列表的shuffle()函数。

函　数

◆◆◆◆◆◆◆◆◆◆◆◆◆◆

shuffle(1)

参　数

1：列表

返回值

无

说　明

将列表中的元素随机排序

◆◆◆◆◆◆◆◆◆◆◆◆◆◆

　　使用shuffle()函数将列表中的元素随机排序。

```
>>> colors = ["blue", "green", "red", "yellow"] Enter
>>> random.shuffle(colors) Enter
>>> colors Enter
['green', 'yellow', 'blue', 'red']
```

　　可以用于元组吗？

　　不能。元组是不可变数据类型，也就是后期不能修改元素。

　　是这样呀。

在随机位置使用随机颜色绘制圆

　　演示一个使用shuffle()函数的例子。下面把在3.3.4小节中介绍过的，在随机坐标绘制4个随机半角的绿色的圆的程序turtle33-2.py修改一下，从变量colors包含的颜色中随机取出一个颜色，设定线样式和填充色来绘制圆。

```python
import turtle
import random

colors = ["blue", "green", "red", "yellow",          ←❶
          "orange", "black"]
my_turtle = turtle.Turtle()
my_turtle.pensize(4)
my_turtle.shape("turtle")
screen = turtle.Screen()
# 设定窗口的尺寸
screen.setup(800, 800)

for _ in range(4):
    random.shuffle(colors)          ←❷
    my_turtle.penup()
    my_turtle.color(colors[0])          ←❸
    my_turtle.fillcolor(colors[1])          ←❹

    my_turtle.setpos(random.randint(-200, 200),
                     random.randint(-200, 200))
    radius = random.randint(50, 200)
    my_turtle.pendown()
    my_turtle.begin_fill()
    my_turtle.circle(radius)
    my_turtle.end_fill()
screen.mainloop()
```

❶将颜色名称赋给列表colors。

❷的shuffle()函数，将列表colors中的元素打乱。

❸将列表colors中的第一个元素设置为线的颜色，❹将列表colors中的第二个元素设置为填充色。

运行结果

除了使用shuffle()函数以外,❸和❹使用choice()函数也可以从列表colors中分别取出线和填充颜色。

```
my_turtle.color(random.choice(colors))
my_turtle.fillcolor(random.choice(colors))
```

那样确实可以。那样的话,填充色可能和线的颜色相同。

啊?是吗?

5 / 3 使用键值对管理数据的字典

本节讲解与列表、元组同样的管理数据的"字典"（dict）。字典是用键值对管理数据的类型，也称为"联想数组"。

↘ 重点在这里

- ✓ 利用键值对管理数据的字典
- ✓ 字典可以用字面量生成

  {Key1:Value1, Key2:Value2, Key3:Value3,…}
- ✓ 字典的元素可以在后期追加、删除、修改
- ✓ items() 方法返回键和值的组合，keys() 方法返回所有键，values() 方法返回所有值

[5.3.1 字典的定义]

字典使用键值对管理一系列的数据。就像字面量一样被使用。例如，将英文的季节名称作为键来管理对应的中文季节名称。此外，员工信息里面的员工编号、姓名、年龄等均可用字典来管理。

字典的活用范例

键	值
"april"	"春"
"summer"	"夏"
"autumn"	"秋"
"winter"	"冬"

	键	值
编号	"number"	19
姓名	"name"	"山田太郎"
年龄	"age"	34

用字面量生成字典

与列表、元组一样，字典也可以用字面量生成。字典的字面量的格式如下所示。

```
{Key1:Value1, Key2:Value2, Key3:Value3,...}
```

整体使用花括号括起来，"Key:Value"用逗号隔开排列，这种书写形式和JavaScript相同！

列表是用[]包围，元组是用()包围，字典是用{}包围！不要搞错。

字典中的键不允许重复。下面，将英文季节名称作为键、对应的中文季节名称作为值来生成一个字典。

```
>>> seasons = {"Spring":"春", "Summer":"夏", "Autumn":"秋",
"Winter":"冬"} Enter
>>> seasons Enter
{'Spring': '春', 'Summer': '夏', 'Autumn': '秋', 'Winter':
'冬'}
```

在Python中，字典是dict类的实例。

```
>>> type(seasons) Enter
<class 'dict'>
```

也可以用下面的书写形式创建一个空的字典。

```
>>> d = {} Enter
```

那是什么意思？

字典是后期可以修改的可变类型。姑且准备一个空的字典，之后可以追加元素，这是常用的方法。同样地，使用[]可以创建一个空的列表。

```
>>> l = [] Enter
```

[5.3.2 访问元素]

根据键访问既有的字典，可以采用如下形式。

访问字典的元素

```
字典[Key]
```

下面的例子，生成包含number、name、age这三个键的字段，然后显示元素。

```
>>> c1 = {"number":1234,"name":"井上之树", "age":19} Enter
>>> c1["number"] Enter
1234
>>> c1["name"] Enter
'井上之树'
>>> c1["age"] Enter
19
```

访问字典的元素不是用{}，而是用[]，有点容易搞错。

访问列表、元组、字典，都是用[]，这样记忆就好了。不过，键必须是字符串吗？

没有那回事。只要是不可变的值就行，采用元组作为键也可以。

```
>>> n = {("东京", 1):99, ("千叶", 2):33} Enter
>>> n[("千叶", 2)] Enter
33
```

修改字典的元素

字典是可变数据类型。可以以如下形式修改字典的元素。

修改字典的元素

```
字典[Key]="Value"
```

```
>>> c1["name"] = "井上四水" [Enter]
```

使用赋值运算符也可以达到修改的目的。

```
>>> c1["age"] += 1 [Enter]
```
← 在键为age的值的基础上增加1

向字典追加元素

如果设置一个不存在的键的元素，则自动追加该元素。

```
>>> c1["sex"] = "男" [Enter]
>>> c1 [Enter]
{'number': 1234, 'name': '井上四水', 'age': 20, 'sex': '男'}
```

删除元素

使用del语句可以删除指定键的元素。

删除指定键的元素

```
del 字典[Key]
```

```
>>> colors = {"red":"红", "blue":"蓝", "green":"绿", "white" →
:"白"} [Enter]
>>> del colors["blue"] [Enter]
```
← 删除键为blue的元素
```
>>> colors [Enter]
{'red': '赤', 'green': '绿', 'white': '白'}
```

访问不存在的键的元素时，会发生什么？

那种情况下会发生KeyError异常。

```
>>> del colors["pink"] Enter
Traceback (most recent call last):
  File "<stdin>", line 1, in <module>
KeyError: 'pink
```

异常处理在5.2.3小节的"专栏"里！

5.3.3　使用for语句显示字典的键和值

下面讲解使用for语句获取字典的元素的方法。

用items()方法获取键值对

使用for语句获取字典中的键值对有好几个方法，使用dict类的items()方法是最简单的。

方　法

items()

参　数
无

返回值
所有的键和值组合成的dict_items对象

说　明
返回以字典中的所有键值对为元素的对象

items()方法的返回值，是以由键和值形成的元组作为元素的dict_items对象。

```
>>> colors = {"red":"红", "blue":"蓝", "green":"绿", "white" →
:"白"} Enter
>>> colors.items() Enter
dict_items([('red', '红'), ('blue', '蓝'), ('green', '绿'),
('white', '白')]
```

dict_items 对象也是可遍历的。下面使用 for 语句显示每个键值对。

Sample dict_for1.py

```
colors = {"red":"红", "blue":"蓝", "green":"绿", "white":"白"}
for (c1, c2) in colors.items():     ←1
    print(c1, c2)
```

1 for 语句的 in 后面的 colors.items() 取出英文的颜色名称和中文的颜色名称，分别赋给变量 c1、c2。

运行结果

```
red 红
blue 蓝
green 绿
white 白
```

1 的 for 语句的 (c1,c2) 不用括号也是可以的。

```
for c1, c2 in colors.items():
```

为什么呢?

元组中使用圆括号明确地表示这是元组。也可以省略。

只取出键

items()方法可以取出键值对，使用keys()方法可以取出全部的键。

方　法
~~~~~~~~~~~~~~~~~~~~~~~~~~~~~~~~~

keys()

参　数
无

返回值
由所有的键形成的dict_keys对象

说　明
返回以字典中的所有键为元素的dict_keys对象
~~~~~~~~~~~~~~~~~~~~~~~~~~~~~~~~~

下面，使用for语句遍历keys()方法返回键。

Sample dict_for2.py

```
colors = {"red":"红", "blue":"蓝", "green":"绿", "white":"白"}
for c1 in colors.keys():
    print(c1)     ←❶
```

运行结果

```
red
blue
green
white
```

那么有个问题。使用keys()方法的情况下，要取出键值对，该怎么办呢？

简单呀。❶的print()函数中，使用colors[c1]就可以取得键对应的值。

Sample dict_for3.py

```
colors = {"red":"红", "blue":"蓝", "green":"绿", "white" →
:"白"}
for c1 in colors.keys():
    print(c1, colors[c1])    ← 取出键和值
```

 原来如此。

只取出值

使用values()方法可以取出所有的值。

方 法
～～～～～～～～～～

values()

参 数
无
返回值
所有的值形成的dict_values对象
说 明
返回以字典中的所有值为元素的dict_values对象
～～～～～～～～～～

Sample dict_for4.py

```
colors = {"red":"红", "blue":"蓝", "green":"绿", "white":"白"}
for c1 in colors.values():
    print(c1)
```

运行结果

```
红
蓝
绿
白
```

items()、values()、keys()方法得到的结果，不是列表吗？

分别是dict_items、dict_values、dict_keys对象。无论哪一个都可以用for语句遍历访问。如果想转换为列表，可以传递给list()构造函数。

```
>>> colors = {"red":"红", "blue":"蓝", "green":"绿", →
"white":"白"} Enter
>>> list(colors.values()) Enter     ← 将dict_values转换为列表
['红', '蓝', '绿', '白']
>>> list(colors.items()) Enter      ← 将dict_items转换为列表
[('red', '红'), ('blue', '蓝'), ('green', '绿'), ('white',→
'白')]
```

dict_items转换为列表，就变成了元素是元组的列表。

5.3.4　检索指定的键和值是否存在

对字典使用in运算符，可以检索到某个键是否存在。

```
>>> c1 = {"number":1234,"name":"井上之树", "age":19} Enter
>>> "name" in c1 Enter
True
```

如果要检索字典中是否存在某个值，使用values()方法取得所有的值以后，对它的返回值再使用in运算符即可。

```
>>> nums = {"n1":15, "n2":4, "n3":95} Enter
>>> 4 in nums.values() Enter
True
```

在JavaScript中，字典的元素的顺序经常与放进去的顺序不一样。

字典中元素的顺序与程序语言以及运行环境有关。在
Python中，自版本3.6以后，元素按照存储顺序排序。

[5.3.5 字典的元素可以是列表或元组]

字典的键或值可以是列表或元组或者其他的字段。下面的例子中，
"name""age""where_live"（名字、年龄、住所）这3个键构成了字典
person。对于具有多个住所的场合，where_live的值是列表。

列表作为字典的元素

```
prefs = ["东京", "大阪", "秋田", "青森"]


person = {"name":"山田太郎", "age":19, "where_live":prefs}
```

下面显示字典person的元素。

Sample multi1.py

```
prefs = ["东京", "大阪", "秋田", "青森"]
person = {"name":"山田太郎", "age":19, "where_live":prefs}

print(f'{person["name"]}: {person["age"]}岁')       ←❶
for pref in person["where_live"]:      ←❷
    print(pref)
```

❶使用f字符串显示"name""age"对应的值。由于"where_live"的值
是列表，❷使用for语句来显示。

运行结果

```
山田太郎: 19岁
东京
大阪
秋田
青森
```

看了一下操作文档，列表、字典都有很多方法呀。很难记住。

是的，只能先大致浏览一下操作文档，必要时再详细参考。另外，如果有"如何实现……"这样的反查类书籍参考，那就方便多了！

※ 参考书籍
《逆引きPython 標準ライブラリ 目的別の基本レシピ180+!》

使用列表或元组、字典组合生成4个不同的乌龟

列表、元组、字典这样的可以整合多个数据的类型，称为"集合"。这里作为复杂集合的示例，演示列表、字典、元组的嵌套构造。使用turtle模块，生成4个形状、颜色、位置各不相同的乌龟。

生成4个形状、颜色、位置各不相同的乌龟

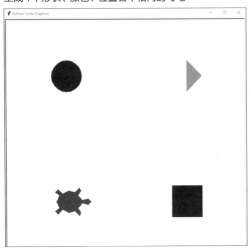

每个乌龟都使用字典来管理。键分别是"shape""color""pos"（形状、颜色、位置）。此时，pos的值是x和y坐标形成的元组。4个乌龟的数据作为列表tlst的元素来管理。

形状　　　　　　　　颜色

```
{"shape": "arrow", "color": "orange",
        "pos": (200, 200)}
```

每个乌龟用字典管理

位置

```
tlst = [{"shape": "arrow", "color": "orange",
         "pos": (200, 200)},
        {"shape": "turtle", "color": "green",
         "pos": (-200, -200)},
        {"shape": "circle", "color": "blue",
         "pos": (-200, 200)},
        {"shape": "square", "color": "blue",
         "pos": (200, -200)}]
```

4个乌龟用列表管理

下面是代码清单。

Sample turtle53-1.py

```
import turtle

# 获取屏幕
screen = turtle.Screen()
# 设定窗口尺寸
screen.setup(800, 800)

# 4个乌龟的形状、颜色、位置管理用的列表
tlst = [{"shape": "arrow", "color": "orange",
         "pos": (200, 200)},
        {"shape": "turtle", "color": "green",
         "pos": (-200, -200)},
        {"shape": "circle", "color": "blue",
         "pos": (-200, 200)},
        {"shape": "square", "color": "blue",
         "pos": (200, -200)}]
```

←❶

1

2

3

4

5

6

7

5.3
▼
使用键值对管理数据的字典

继续

继续

```
# 存放乌龟数据的列表
my_turtles = []     ←❷

for t in tlst:
    aturtle = turtle.Turtle()     ←❹
    # 设定乌龟的形状、颜色、位置
    aturtle.shape(t["shape"])
    aturtle.shapesize(5)
    aturtle.color(t["color"])     ←❺            ←❸
    aturtle.penup()
    aturtle.goto(t["pos"])
    my_turtles.append(aturtle)     ←❻
screen.mainloop()
```

❶是管理4个乌龟的形状、颜色、位置的列表 tlst。

❷准备一个空列表 my_turtles，存放乌龟的实例。

❸使用 for 语句从列表 tlst 中取出数据进行处理。

❹经过 Turtle() 构造函数生成乌龟，赋给变量 aturtle。

❺对于乌龟 aturtle，设定形状、颜色、位置。

❻追加 aturtle 到列表 my_turtles。

❸的 for 语句的最后❻，追加生成的乌龟 aturtle 到列表 my_turtles 中，有必要吗？

这个只是一个例子，不追加也没关系。但是，修改程序以后，如果想让个别乌龟移动，这个还是有必要的。

元素不重复的集合

除了列表、元组、字典以外，Python中还有一种称为"集合"（set）的数据类型。集合可以理解为元素不重复的列表。

用字面量生成集合的格式如下。

字面量生成集合

```
{值1,值2,值3}
```

```
>>> s1 = {"绿", "白", "红", "蓝"}  Enter
>>> s1  Enter
{'红', '蓝', '绿', '白'}
```

使用set()构造函数可以从已有的列表、元组中生成集合。这种场合下，重复的元素会自动去除。

```
>>> l = ["东京", "东京", "大阪", "大阪", "埼玉"]  Enter
>>> s = set(l)  Enter
>>> s  Enter
{'大阪', '埼玉', '东京'}
```

集合是可变数据类型，可以使用add()方法追加元素。

```
>>> s.add("千叶")  Enter
>>> s  Enter
{'大阪', '埼玉', '东京', '千叶'}
```

可以使用for语句遍历元素。

```
>>> for p in s: Enter
...     print(p) Enter
... Enter
大阪
埼玉
东京
千叶
```

元素总数可以使用len()函数获得。

```
>>> len(s) Enter
4
```

活用 Python 的数据

　　本章基于之前的内容，继续讲解各种各样的数据的活用方法。首先讲解利用 datetime 模块对日期和时间的操作；接下来讲解对列表元素和元组元素的排序以及操作这些元素的方法；更进一步地，讲解文本文件的读写方法；最后讲解用于列表、字典、集合等对象的序列推导式的编写方法。

6 1 操作日期和时间

Python 的标准库中内置了一些用于处理日期和时间的模块。这里主要讲解 datetime 模块处理日期和时间的方法。

重点在这里

- ✓ datetime 模块集中了处理日期和时间的类
- ✓ 使用 datetime 类管理日期和时间
- ✓ 使用 date 类管理日期
- ✓ 使用 timedelta 类管理日期、时间之差
- ✓ 使用 ontimer() 方法在指定时间之后执行处理

[6.1.1　关于 datetime 模块的类]

datetime 模块中包含如下 4 个用于管理日期和时间的类。

datetime 模块中的 4 个类

类	说明
time	管理时间的类
date	管理日期的类
datetime	管理日期和时间的类
timedelta	管理时间差的类

time 类只用于时间的处理，date 类只用于日期的处理。对于既有日期又有时间的数据，使用 datetime 类来管理。

原来如此。 看上去 datetime 类是 date 和 time 的组合。datetime 模块中的 datetime 类，模块名和类名相同，有点儿容易搞混，难以记住啊。

[6.1.2 使用datetime类管理日期和时间]

生成指定的日期和时间的datetime对象，可以使用datetime类的构造函数。

构造函数

datetime(year, month, day, hour=0, minute=0,→ second=0, microsecond=0)

参　数
year：公历4位的年份
month：月
day：日
hour：时（24小时制）
minute：分
second：秒
microsecond：微秒

返回值
datetime对象

说　明
根据参数中指定的日期和时间生成datetime对象

参数中的hour、minute、second、microsecond都可以省略。省略时被认为是0。

datetime类的属性

从生成的datetime对象中可以获取年、月、日、时、分等值。

datetime类的属性

属性	说明
year	年
month	月
day	日
hour	时
minute	分
second	秒
microsecond	微秒

生成datetime对象

在交互模式下试一下。下面生成2020年9月10日10点15分的datetime对象，再显示该对象的年、月、日、时、分、秒、毫秒。

```
>>> import datetime Enter    ◀━ 首先导入datetime模块
>>> d1 = datetime.datetime(2020, 9, 10, 10, 15) Enter
>>> d1 Enter    ◀━ 显示d1的内容
datetime.datetime(2020, 9, 10, 10, 15)
>>> d1.year Enter    ◀━ 显示年
2020
>>> d1.month Enter    ◀━ 显示月
9
>>> d1.day Enter    ◀━ 显示日
10
>>> d1.hour Enter    ◀━ 显示时
10
>>> d1.minute Enter    ◀━ 显示分
15
>>> d1.second Enter    ◀━ 显示秒
0
>>> d1.microsecond Enter    ◀━ 显示微秒
0
```

 将数值代入day或hour这些属性，可以修改日期和时间吗？

那样是不行的。这些属性是只读属性（不可修改），代入值的话会引起错误。

```
>>> d1.day = 14 Enter    ◀━ 给day属性赋值，出现错误
Traceback (most recent call last):
  File "<stdin>", line 1, in <module>
AttributeError: attribute 'day' of 'datetime.date'
objects is not writable
```

[6.1.3 使用date类管理日期]

像"2020年1月1日"这种只有日期没有时间的情形，不需要使用datetime类，使用date类即可。

构造函数

date(year, month, day)

参　数

year：公历4位的年份

month：月

day：日

返回值

date对象

说　明

根据参数中指定的日期生成date对象

date类的构造函数，相当于datetime构造函数中去掉了与时间有关的各个参数。属性只包括year、month、day这3个。下面生成2020年9月10日这个date对象，并且显示该日期。

```
>>> d = datetime.date(2020, 9, 10) [Enter]
>>> print(f"{d.year}年{d.month}月{d.day}日") [Enter]
2020年9月10日
```

print()函数中的参数"f"~""是什么呀？

将值嵌入字符串中的f字符串呀（5.1.3小节中讲过）。

专 栏

实例方法与类方法

类中内置的方法，大致分为实例方法与类方法。实例方法是为生成的实例执行的方法。

```
实例.方法（参数）
```

大多数的方法都是实例方法。例如，在datetime类或date类中，weekday()方法就是实例方法。

```
>>> the_day = datetime.date(2019, 9, 3) [Enter]   ← 生成实例之后
>>> the_day.weekday() [Enter]   ← 执行实例的方法
1
```

另外，在str类中，内置的方法大多数是实例方法。

```
>>> s = "hello" [Enter]   ← 使用字面量生成str类的实例
>>> s.upper() [Enter]   ← 执行upper()方法
'HELLO'
```

另外一种就是类方法，不生成实例就可以执行的方法。

```
类名.方法（参数）
```

datetime类中的now()就是类方法。

```
>>> n = datetime.datetime.now() [Enter]   ← now()类方法被执行后生成实例
```

另外，在date类中，today()也是类方法。

```
>>> t = datetime.datetime.today() [Enter]
```

这些方法不是针对实例对象的处理，而是用于直接生成实例。

使用weekday()方法获取星期

datetime 类、date 类看上去没有返回星期的属性，实际上，星期是无法通过datetime 类、date 类中的属性获得的。但是使用weekday()方法可以取得。

方　法
～～～～～～～～～～～～～～～～～～～～

weekday()

参　数
无
返回值
表示星期的整数值
说　明
返回一个整数值，其中星期一是0、星期二是1、星期三是2……
～～～～～～～～～～～～～～～～～～～～

当是星期一时，返回值是整数0。例如，要查询2019年9月3日是星期几，代码如下。

```
>>> d = datetime.date(2019, 9, 3) Enter
>>> d.weekday() Enter
1 ← 星期二
```

星期一是0呀？

是的，还有一个isoweekday()方法，星期一返回1、星期二返回2、星期日返回7。

[6.1.4　生成当前时刻的datetime 对象和今天日期的date 对象]

要生成当前时刻的datetime 对象，需要自己先查一下当前时刻，然后传递给datetime 类的构造函数吗？当然没有那个必要。有一个用于生成当前时刻的now()方法。

方　法

now( )

参　数
无

返回值
当前时刻的datetime对象

说　明
生成当前时刻的datetime对象

这个方法，使用"类名.方法()"这种形式进行调用。

```
>>> dt = datetime.datetime.now() Enter
>>> dt Enter
datetime.datetime(2018, 9, 23, 19, 8, 16, 418504)
```

同样地，也有一个生成当前日期的today()方法。

方　法

today( )

参　数
无

返回值
返回当前日期的date对象

说　明
生成当前日期的date对象

和datetime类的now()方法一样，使用"date.today()"这样的"类名.方法()"形式来执行调用。

```
>>> d = datetime.date.today() Enter
>>> d Enter
datetime.date(2018, 9, 23)
```

now() 方法和 today() 方法不需要生成实例就可以执行。

注意到这个优点了吧，把这些方法称为"类方法"（6.1.3
小节的"专栏"）。

计算下一年1月1日是星期几的程序

下面是作为 date 类 today() 方法的示例，显示下一年1月1日是星期几
的程序。

Sample next_year1.py

```python
import datetime

weekdays = ['一', '二', '三', '四', '五', '六', '日']    ←❶
# 生成今天的date对象
today = datetime.date.today()    ←❷
# 明年的1月1日
ny_day = datetime.date(today.year + 1, 1, 1)    ←❸
print(f"明年的1月1日是星期{weekdays[ny_day.weekday()]}")    ←❹
```

❶把星期名称赋给列表 weekdays 备用。

要获得明年1月1日的日期，首先有必要知道今年是哪一年。❷使用
today() 方法，生成了表示今天日期的 date 对象，赋给变量 today。

❸生成了明年的 date 对象。构造函数的年的部分，指定为 "today.
year+1"，请注意是将今年的年份加上1作为明年的年份。月和日分别指定
为1即可。

❹使用 weekday() 方法获取了表示星期的数字，将其作为列表
weekdays 的索引取出对应的星期名称，再显示出来。

使用weekday()获取星期几的数值作为weekdays的索引来显示星期几

```
weekdays = ['一', '二', '三', '四', '五', '六', '日']
                    ↑①weekday()方法是1的情况下
weekdays[ny_day.weekday()]
②索引为1的元素，是星期二
```

想知道明年的今天是星期几的话，如何修改程序呢？

❸的部分修改成下面这样可以吗？

```
ny_day = datetime.date(today.year + 1, today.month, today.day)
```

原来如此！

今年所有的13号是星期五的有哪些日期

作为获取星期的weekday()方法的实例，下面示例将今年所有的13号是星期五的日期全部列出。

Sample 13th_friday.py

```
import datetime

today = datetime.date.today()       ←❶
for m in range(1, 13):
    day13 = datetime.date(today.year, m, 13)    ←❸
    if day13.weekday() == 4:                     ←❷
        print(f"{day13.month}月{day13.day}日")    ←❹
```

❶使用today()方法产生表示今天的date对象。

❷for语句中使用range(1,13)，让变量m从1到12变化。

❸将m的值作为月份，生成今年各月13号的每个date对象。

❹在if语句中，如果weekday()方法返回的值是4，也就是星期五，就显示那个日期。

运行结果

```
4月13日
7月13日
```

range(1,13) 不是从 1 到 13 变化吗？

不是。range()构造函数不包含第二个参数的值，因此是从
1 到 12。

[6.1.5 表示经过的时间和天数]

datetime模块中使用timedelta对象管理日期差和时间差。timedelta
类具有3个属性。

timedelta类的属性

属性	说明
days	经过的天数
seconds	经过时间的秒的部分
microseconds	经过时间的微秒的部分

实际上，date对象与datetime对象进行减法运算，结果也会变成timedelta
对象，通过days和seconds属性可以求出时间差。在交互模式下试一下。

```
>>> d1 = datetime.date(2019, 1, 1) Enter    ← 2019年1月1日
>>> d2 = datetime.date(2020, 1, 1) Enter    ← 2020年1月1日
>>> td = d2 - d1 Enter    ← 日期对象相减后生成timedelta对象
>>> td.days Enter    ← 显示days属性的值
365
```

两个date对象比较大小，可以知道时间的前后吗？

使用小于或大于比较运算符就可以比较。

```
>>> d1 < d2 Enter
True    ← d2是靠后的日期
```

计算距离圣诞节还有多少天

作为timedelta对象的实例，计算距离今年圣诞节还有多少天的程序如下。

Sample xmas1.py

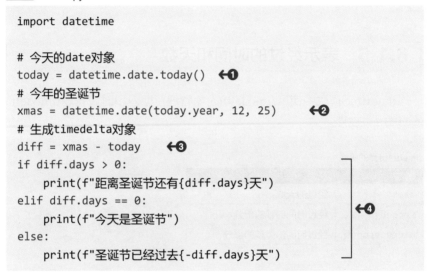

```
import datetime

# 今天的date对象
today = datetime.date.today()          ←❶
# 今年的圣诞节
xmas = datetime.date(today.year, 12, 25)     ←❷
# 生成timedelta对象
diff = xmas - today          ←❸
if diff.days > 0:
    print(f"距离圣诞节还有{diff.days}天")
elif diff.days == 0:
    print(f"今天是圣诞节")                     ←❹
else:
    print(f"圣诞节已经过去{-diff.days}天")
```

❶生成今天的date对象，❷生成今年的圣诞节的date对象。

❸计算两者之差，差值作为timedelta对象赋给变量diff。

❹的if语句基于days属性的值，天数差值是正值的话返回"距离圣诞节还有×天"；天数差值是0的话表示今天就是圣诞节，则返回"今天是圣诞节"；如果圣诞节已经过去，则显示"圣诞节已经过去×天"。

运行结果

距离圣诞节还有177天

计算两星期后的日期

在date对象或datetime对象上，可以加上指定的时间差的timedelta对象，从而生成三天后或14小时后这样的对象。

下面演示两星期后的日期和星期的例子。

```
import datetime

weekdays = ['一', '二', '三', '四', '五', '六', '日']
today = datetime.date.today()
two_weeks = today + datetime.timedelta(days=14)    ←❶
day = weekdays[two_weeks.weekday()]
print(f"{two_weeks.year}年{two_weeks.month}月{two_weeks.day}→
日(星期{day})")
```

重点是❶的部分。

```
two_weeks = today + datetime.timedelta(days=14)
```

datetime.timedelta(days=14)中的timedelta类的构造函数的参数指定days=14，生成了14天后的timedelta对象，将其加到今天的date对象today，就成为了14天后的date对象。

运行结果

```
2018年7月15日(星期日)
```

今天还有几分钟

接下来，演示两个datetime对象之间相减，生成timedelta对象的例子。下面的程序，用于显示今天还有几分钟，也就是距离明天的0时0分还剩下多少分钟。

```
import datetime

now = datetime.datetime.now()
tomorrow = datetime.datetime(now.year,
                         now.month, now.day + 1, 0, 0)
tdiff = tomorrow - now    ←❶
print(f"今天还剩下{tdiff.seconds/60:.1f}分钟")    ←❷
```

❶将明天的0时0分的datetime对象与当前的datetime对象相减，生成timedelta对象，赋给变量tdiff。

6

6.1
▼
操作日期和时间

229

❷通过seconds属性，也就是将秒数除以60转换为分钟显示出来。

运行结果

今天还剩下518.7分钟

❷的 {tdiff.seconds/60:.1f} 的 ".1f" 是做什么的？

指定显示小数点后1位。

[6.1.6 制作数字化时钟]

本节的最后，作为日期时间的活用示例，使用turtle模块制作数字化时钟。

数字时钟

隔一段时间就重复执行处理

要实现时刻的更新显示，就需要利用计时器的功能在一定的周期内重复处理。这里使用Turtle模块下面的Screen类中的ontimer()方法来实现。

方 法

ontimer(func, msec)

参 数
func：指定的函数
msec：毫秒

返回值

无

说 明

参数 msec 指定的时间过后，调用参数 func 指定的函数

ontimer() 方法的第二个参数 msec 用于指定指定的时间（微秒）过后，调用第一个参数指定的函数。要实现在一定的周期内重复处理，需要在函数内部让 ontimer() 方法调用自己。例如，用于更新时间的 clock() 函数，在它的最后执行 ontimer() 方法再调用 clock() 函数。

在函数内部执行 ontimer() 方法调用自身

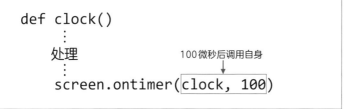

```
def clock()
    ⋮
    处理
    ⋮
    screen.ontimer(clock, 100)
```

100微秒后调用自身

ontimer() 方法的参数是 clock 函数，函数的前后不需要加圆括号吗？

这种情况下，函数以值的形式代入，前后的括号是不需要的。如果执行 "clock()"，函数将被调用。

看一下程序的内容

下面是数字化时钟的程序清单。

Sample dclock1.py

```
import datetime
import turtle


# 获取屏幕
screen = turtle.Screen()
# 设定窗口的尺寸
screen.setup(450, 350)
```

继续

继续

```python
# 生成显示时间的乌龟对象
time_turtle = turtle.Turtle()
time_turtle.penup()                          ←❶
time_turtle.hideturtle()
time_turtle.setposition(-150, -80)
# 生成显示日期的乌龟对象
date_turtle = turtle.Turtle()
date_turtle.penup()                          ←❷
date_turtle.hideturtle()
date_turtle.setposition(-170, 30)

weekdays = ['一', '二', '三', '四', '五', '六', '日']

def clock():
    # 获取当前时间
    now = datetime.datetime.now()            ←❹          ←❸
    # 获取星期
    wday = weekdays[now.weekday()]           ←❺
    # 显示日期
    date = f"{now.year:}年{now.month}月{now.day}日({wday})"
❻→  date_turtle.clear()
    date_turtle.write(date, font=("helvetica", 30))
    # 显示时间
    time = f"{now.hour:02d}:{now.minute:02d}:{now.second:02d}"
❼→  time_turtle.clear()
    time_turtle.write(time, font=("helvetica", 50))
    # 每隔100微秒就调用自身
    screen.ontimer(clock, 100)               ←❽

clock()     ←❾
screen.mainloop()
```

　　这个程序使用了两个乌龟：❶是用于显示时间的time_turtle；❷是用于显示日期的date_turtle。两个都是显示字符串，使用hideturtle()方法可以隐藏乌龟。

　　❸使用clock()函数实现每隔100微秒就显示时刻。

　　❹生成当前时间的datetime对象now，❺将星期返回给字符串变量

wday。星期的获取方法与6.1.4小节的next_year1.py相同。

❻显示日期、❼显示时间。两个都是用clear()方法将之前显示的内容清空，再使用write()方法绘制新的内容。

❽使用ontimer()方法每隔100微秒就调用自身（clock()函数）。

❾通过调用clock()函数更新时间。

❼的显示时间的部分，f字符串指定为"{now.hour:02d}"，"02d"是什么？

整数显示为2位的意思。例如，2也能表示为"02"。

防止画面闪烁

实际上在执行dclock1.py时，可以注意到更新显示之际画面会闪烁。为了防止出现这种情况，追加tracer()方法。

Sample dclock2.py（一部分）

```python
import datetime
import turtle

# 获取屏幕
screen = turtle.Screen()
# 设定窗口的尺寸
screen.setup(450, 350)
screen.tracer(0)    ←❶ 追加的代码
~略~
```

❶的tracer()方法，是用于控制窗口更新的方法。参数为0，表示让画面自动更新。这样的话，乌龟的移动以及画线时不显示动画效果。但是，经由write()方法绘制的字符串还能正常处理。这样画面就不再闪烁了。

真的呀，闪烁没有了。

是的。不过执行tracer()方法时，乌龟的移动和旋转等动画效果也没有了。详细内容将在第7章讲解，有必要更新画面的情况下必须执行update()方法。

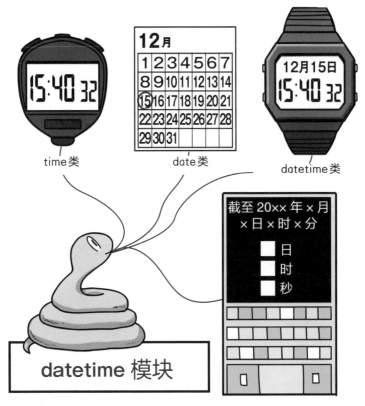

time类

date类

datetime类

12月

1	2	3	4	5	6	7
8	9	10	11	12	13	14
⑮	16	17	18	19	20	21
22	23	24	25	26	27	28
29	30	31				

12月15日
15:40 32

截至20xx年x月
x日x时x分

□ 日
□ 时
□ 秒

datetime 模块

timedelta类

6.2 : 稍微高级一点的数据的活用方法

本节对稍微高级一点的列表和元组的元素的处理以及元素的排序进行讲解。另外，也要讲解更简单的函数形式 lambda 表达式、过滤数据的 filter() 函数、对每个元素分别进行处理的 map() 函数。

↘ 重点在这里

- ✓ sorted() 函数对列表或元组进行排序，返回排序的结果
- ✓ sort() 方法对列表的元素进行直接排序
- ✓ sorted() 函数、sort() 方法的参数中，可以指定用于排序规则的函数
- ✓ 使用 lambda 表达式定义匿名函数
- ✓ 从列表或元组中提取元素的 filter() 函数，对元素进行相同处理的 map() 函数

[6.2.1 对列表的元素进行排序]

一般在程序设计中，需要按照一定的规则对数据进行排序。这里讲解列表和元组的排序方法。

使用 sorted() 函数排序

使用 sorted() 函数对列表和元组的元素进行排序，以列表的形式返回结果。

函数
◆◆◆◆◆◆◆◆◆◆◆◆◆◆◆◆

```
sorted(s, key=None, reverse=False)
```

参数
s：列表或元组
key：用于比较的函数
reverse：True 表示降序排序，False 表示升序排序

返回值

排序后的列表

说 明

对参数s指定的列表或元组按指定的排序函数key排序，返回排序后的列表

◆◆◆◆◆◆◆◆◆◆◆◆◆◆

下面演示一个简单的例子。列表nums的元组都是整数值，对其进行升序排列。

`Sample` sort1-1.py

```
nums1 = [1, -5, 99, 66, 105, 2, 8, 3]
nums2 = sorted(nums1)    ←❶
print(nums2)
```

❶对列表nums1的元素进行升序排序，赋给列表nums2。

运行结果

```
[-5, 1, 2, 3, 8, 66, 99, 105]
```

sorted()函数，指定reverse=True可以实现降序排序。

`Sample` sort1-2.py

```
nums1 = [1, -5, 99, 66, 105, 2, 8, 3]
nums2 = sorted(nums1, reverse=True)    ←❶
print(nums2)
```

❶指定参数reverse为True，执行sorted()函数。

运行结果

```
[105, 99, 66, 8, 3, 2, 1, -5]
```

这个有一点像Excel的排序功能。元素是字符串时也能排序吗？

当然可以。字符串按照文字编码顺序排序（英文字母的话按照a～z顺序）。在交互模式下试一下。

```
>>> s = ["zz", "aa", "apple", "orange", "AA", "Za"] Enter
>>> sorted(s) Enter
['AA', 'Za', 'aa', 'apple', 'orange', 'zz']
```

不过，sorted()函数的参数可遍历就行，不是列表和元组也可以。

那样就可以实现先分解字符串的文字，再排序的功能。

```
>>> sorted("PYTHON") Enter
['H', 'N', 'O', 'P', 'T', 'Y']
```

真的哎！

sort()方法对列表的元素直接排序

sorted()函数对列表和元组的元素进行排序，然后将结果返回给新的列表。与之相对应的list类的sort()方法，可以对列表的元素进行直接排序（将列表的内容替换掉）。

方法

sort(key=None, reverse=False)

参数
key：用于比较的函数
reverse：True表示降序排序，False表示升序排序

返回值
无

说明
将列表的元素以key指定的函数进行排序

下面，把sort1-1.py的sorted()函数替换成sort()方法。

Sample sort1-3.py

```
nums1 = [1, -5, 99, 66, 105, 2, 8, 3]
nums1.sort()         ←❶
print(nums1)
```

❶对列表 num1 执行 sort() 方法，请注意与 sort1-1.py 的不同之处。

运行结果

```
[-5, 1, 2, 3, 8, 66, 99, 105]
```

元组是不可变对象，没有 sort() 方法吧！

是的，慢慢地知道列表和元组的区别了。

如果要更改原始列表的元素顺序，不是使用 sorted() 函数，而是使用 sort() 方法。

[6.2.2　设定排序的规则]

　　sorted() 函数或 sort() 方法默认按照数值（或文字编码）的顺序排序。如果向参数 key 指定一个排序的函数或方法，就可以按照自定义规则排序。
　　例如，有一个列表 snums1 里面存放了诸如 "15" 或 "100" 这种字符串格式的数字。

snums1

```
["5", "40", "1", "100", "52", "3", "54"]
```

　　使用 sorted() 函数，不指定参数 key 时排序的结果如下。

Sample sort2-1.py

```
snums1 = ["5", "40", "1", "100", "52", "3", "54"]
snums2 = sorted(snums1)
print(snums2)
```

运行结果

```
['1', '100', '3', '40', '5', '52', '54']
```

作为字符串排序，100会出现在3的前面。

如果想把它们以数值排序，可以把参数 key 指定为"key=int"，表示指定为 int() 函数。

Sample sort2-2.py

```
snums1 = ["5", "40", "1", "100", "52", "3", "54"]
snums2 = sorted(snums1, key=int)        ←❶
print(snums2)
```

这样就可以对每个元素执行int()函数，并基于转换后的整数进行排序。

运行结果

```
['1', '3', '5', '40', '52', '54', '100']
```

❶ 中参数 key 的 int() 函数指定为不带"()"的"key=int"，而不是"key=int()"。

是的。这种情况下，将函数作为参数传递，只需要指定函数名即可。另外，给变量赋值、作为参数或返回值使用的对象，称为"一级对象"。Python 中包括函数在内，所有的对象都是一级对象。

向参数key指定方法

参数 key 不仅可以指定为函数，还可以指定为方法。例如，忽略大小写对字符串列表进行排序，"key=str.upper"就指定为 str 类的 upper() 方法。

Sample sort3.py

```
s1 = ["zz", "aa", "apple", "orange", "AA", "Za"]
s2 = sorted(s1, key=str.upper)        ←❶
print(s2)
```

❶ 指定 upper() 方法作为 key，执行 sorted() 函数。

239

(right margin, vertical)
1
2
3
4
5
6
7

6.2 ▼ 稍微高级一点的数据的活用方法

运行结果

```
['aa', 'AA', 'apple', 'orange', 'Za', 'zz']
```

为了对比排序效果，试着在不指定参数key的情况下执行一下。

这样就可以。

```
s2 = sorted(s1)
```

运行结果

```
['AA', 'Za', 'aa', 'apple', 'orange', 'zz']
```

原来如此。带有大写字母的全跑到前面了。

定义排序用的key()函数

sorted()函数、sort()方法中的参数key也可以指定为自定义的函数。那样的话就可以按照各种各样的规则进行排序。

举例如下。假设有一个由名字和年龄组合而成的元组。

名字和年龄组合而成的元组

```
（名字，年龄）
```

名字是字符串，年龄是整数值。然后再把元组作为元素形成列表people1。

以上述元组为元素的列表people1

```
[("田中一郎"，34)，("井上云逸"，14)，("太田香云"，23)，…]
```

将这个列表按照年龄排序，该如何做才好？年龄是元组的第二个元素，也就是以元组的第二个元素作为排序基准就可以了。

下面定义一个返回第二个元素的get_age()函数。将其作为sorted()函数的key参数。

```
def get_age(person):
    return person[1]    ←②    ←①

people1 = [("田中一郎", 34), ("井上云逸", 54),
           ("太田香云", 23), ("河村树下", 21),
           ("山田花子", 35), ("阿部一可", 43),
           ("江藤诚实", 19)]
people2 = sorted(people1, key=get_age)    ←③
print(people2)
```

①中的get_age()函数，从参数传递的"（名字，年龄）"元组中返回年龄。②的return语句返回第二个元素，也就是返回年龄。

③的sorted()函数的参数key，指定为get_age()函数，对列表people1排序后，将结果赋给变量people2，这就是按照年龄排序。

运行结果

> [('江藤诚实', 19), ('河村树下', 21), ('太田香云', 23), ('田中一郎', 34), ('山田花子', 35), ('阿部一可', 43), ('井上云逸', 54)]

原来如此，将参数key巧妙地指定为一个函数，可以自由自在地进行排序呢。

自己创作自定义函数稍微有点费脑，加油！

[6.2.3   使用lambda表达式定义简单的函数]

sorted()函数、sort()方法中指定的排序函数往往很简单，特意使用def语句声明一个函数有些麻烦。因此，下面介绍使用lambda表达式定义简单的函数。

lambda表达式的基本格式

lambda表达式的基本格式如下。

lambda 表达式的格式

```
lambda 参数1,参数2,参数3,... :式子
```

　　lambda 表达式返回的是冒号后面的式子的结果。

　　将 lambda 表达式与 def 语句定义的函数进行比较。首先，使用 def 语句定义返回两个数之和的 sum() 函数。

Sample sum_def1.py

```
def sum(n1, n2):
    return n1 + n2


s1 = sum(10, 20)
print(s1)
```

运行结果

```
30
```

　　以上功能，使用 lambda 表达式的定义如下。

Sample sum_lambda1.py

```
sum = lambda n1, n2: n1 + n2      ←❶

s1 = sum(10, 20)      ←❷
print(s1)
```

　　❶ 中定义 lambda 表达式，赋给变量 sum。这样就调用到了 lambda 表达式。

sorted() 函数的 key 参数指定为 lambda 表达式

　　lambda 表达式也被称为"匿名函数"。就像上面的 sum_lambda1.py，不需要使用名称就可以将其赋给变量。现在重新回顾一下以由名字和年龄构成的元组作为列表元素的例子 sort_f1.py。

列表 people1

```
[("田中一郎", 34), ("井上云逸", 14), ("太田香云", 23), ...]
```

在sort_f1.py中，用def语句定义了get_age()函数，然后将其作为sorted()函数中参数key的函数。get_age()函数用作排序中的key，名称是不需要的。另外，要返回元组中第二个元素也可以写得极其简单。这种情况下，lambda表达式更为通俗易懂。

Sample sort_f2.py

```python
people1 = [("田中一郎", 34), ("井上云逸", 54),
           ("太田香云", 23), ("河村树下", 21),
           ("山田花子", 35), ("阿部一可", 43),
           ("江藤诚实", 19)]
people2 = sorted(people1, key=lambda t: t[1])    ←❶
print(people2)
```

❶的sorted()函数的key设置为lambda表达式。

设置lambda表达式为参数key

```
key=lambda t: t[1]
```
元组被作为参数传递   返回第二个元组

运行结果

```
('江藤诚实', 19), ('河村树下', 21), ('太田香云', 23), ('田中一
郎', 34), ('山田花子', 35), ('阿部一可', 43), ('井上云逸', 54)]
```

使用lambda表达式，不需要定义没用的函数！

lambda表达式和JavaScript中的"匿名函数"是同一种东西吧？

是的。但是Python中的lambda表达式返回值的处理只能写在一行，不能像JavaScript的匿名函数那样处理更复杂的内容。

[6.2.4 让乌龟靠近原点]

下面演示一个使用排序和 lambda 表达式的例子。列表 all_pos 中存放了一些元组（x 坐标、y 坐标）。

列表 all_pos 中存放了元组形式的坐标数据

```
[(350, 200), (-30, 40), (-100, 50), (100, 350), ...]
```

在样本中，通过 random 模块中 randint() 函数随机生成 20 个坐标数据。下面的程序，让乌龟沿着指定坐标移动。

Sample turtle62-1.py

```
import turtle
import math
import random


my_turtle = turtle.Turtle()
screen = turtle.Screen()
screen.setup(800, 800)
my_turtle.pensize(2)
my_turtle.shapesize(2)
my_turtle.shape("turtle")

X_LIMIT = 400        ←①
Y_LIMIT = 400
all_pos = []         ←②

for _ in range(20):
    all_pos.append((random.randint(-X_LIMIT, X_LIMIT),   ←③
    random.randint(-Y_LIMIT, Y_LIMIT)))

for pos in all_pos:
    my_turtle.setheading(my_turtle.towards(pos))   ←④
    my_turtle.goto(pos)

screen.mainloop()
```

❶将 x 坐标的最大值赋给 X_LIMIT，y 坐标的最大值赋给 Y_LIMIT。

❷准备一个空的列表 all_pos，❸使用 for 语句生成随机的 20 个坐标数据，存入列表 all_pos 中。

❹的 for 语句，从列表 all_pos 中依次取出坐标，通过 setheading() 方法改变乌龟的朝向，再用 goto() 方法移动乌龟。

向着 all_pos 中存放的 20 个随机坐标移动

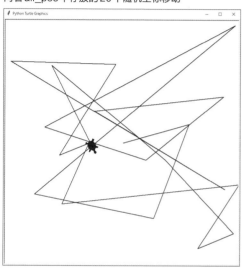

❶ x 和 y 坐标的最大值的变量名是 X_LIMIT、Y_LIMIT，全部用了大写。

这样写表示是后期不修改的变量，也就是作为常数使用的变量名，一般全部使用大写。

修改这个程序，将列表 all_pos 的坐标，按照距离原点（0,0）远近的顺序升序排列，然后再移动乌龟。

Sample turtle62-2.py（一部分）

```
~略~
for _ in range(20):
    all_pos.append((random.randint(-X_LIMIT, X_LIMIT),
    random.randint(-Y_LIMIT, Y_LIMIT)))

all_pos.sort(key=lambda p: math.sqrt(
    pow(p[0], 2) + pow(p[1], 2)))        ←❶

for pos in all_pos:
~略~
```

追加的代码是❶的sort()方法。参数key指定了一个lambda表达式，以参数p来传递。这里计算了从原点到某一个点的距离。

到原点的距离的计算方法

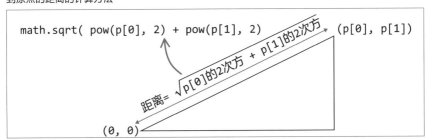

　计算三角形斜边长度的公式都出来了。

　是的。sqrt()是计算平方根的函数，pow()是计算乘方的函数。

这样，就实现了将all_pos中的点按照距离原点的远近进行升序排序。

从距离原点近的坐标开始移动

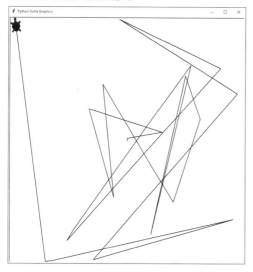

[6.2.5 使用filter()函数从列表中提取数据]

作为lambda表达式的活用示例，下面介绍使用filter()函数从列表或元组中取出符合条件的元素。

函　数
◆◆◆◆◆◆◆◆◆◆◆◆◆◆
```
filter(f, l)
```
参　数
f : 函数
l : 列表或元组
返回值
取出由参数l的元素形成的filter对象
说　明
对于参数l指定的列表或元组的元素，执行参数f指定的函数，将结果为True的元素筛选出来构成filter对象
◆◆◆◆◆◆◆◆◆◆◆◆◆◆

filter()函数对列表中各个元素执行指定的函数，将结果为True的元素取出并返回。在交互模式下试一下。

下面的例子，要从列表nums中把正数都取出来。

```
>>> nums = [1, -4, 6, 5, 4, -10] Enter
>>> plus = filter(lambda n: n > 0, nums) Enter  ←❶
>>> plus Enter  ←❷
<filter object at 0x1070f12e8>  ← filter对象
```

❶当filter()函数的第一个参数为正时返回True，并将取出的值赋给变量plus。

filter()函数第一个参数是lambda表达式

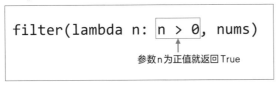

参数n为正值就返回True

❷查看变量plus的类型，结果是一个filter对象。使用list()构造函数转换为列表。

```
>>> l = list(plus) Enter  ← 转换为列表
>>> l Enter
[1, 6, 5, 4]
```

filter对象，都需要一个一个地转换为列表再使用吗？

filter对象也是可遍历对象，生成以后就可以直接使用for语句显示每个元素。

```
>>> for n in plus: Enter
...     print(n) Enter
... Enter
1
6
5
4
```

限制乌龟的移动为y轴正方向

查看移动乌龟的示例程序turtle62-2.py，如果不想让乌龟移动到y轴负方向，使用filter()函数，从all_pos列表中只把y值是正数的取出来即可。

Sample turtle_filter1.py（一部分）

```
~略~
for _ in range(20):
    all_pos.append((random.randint(-X_LIMIT, X_LIMIT),
    random.randint(-Y_LIMIT, Y_LIMIT)))

yplus_pos = filter(lambda p: p[1] > 0, all_pos)       ←❶

all_pos.sort(key=lambda p: math.sqrt(
    pow(p[0], 2) + pow(p[1], 2)))
~略~
```

❶执行 filter() 函数，取出 y 值是正数的坐标赋给列表 yplus_pos。

将乌龟的移动限制在 y 轴正方向

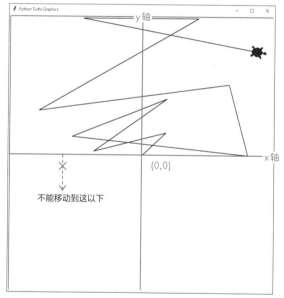

6.2.6　利用 map() 函数对列表的每个元素进行处理

　　用于列表、元组处理，与 filter() 函数类似的另一个函数是 map()
函数。

函　数
◆◆◆◆◆◆◆◆◆◆◆◆◆◆◆

map(f, l)

参　数
f：函数
l：列表或元组

返回值
将参数 l 指定的列表或元组的元素处理后形成的 map 对象

说　明
对于参数 l 指定的列表或元组，使用参数 f 指定的函数来执行，返回由结果的元素构成的 map 对象

◆◆◆◆◆◆◆◆◆◆◆◆◆◆

　　map() 函数对列表或元组的每个元素进行一定的处理并返回 map 对象。在交互模式下试一下。下面代码把全是整数的列表中的每个元素变成其自身的 2 倍。

```
>>> nums1 = [4, 5, 6, 8] Enter
>>> nums2 = map(lambda n: n*2, nums1) Enter
>>> nums2 Enter
<map object at 0x103e48438> ←❶
```

如❶所示，filter() 函数的返回结果是 filter 对象，map() 函数的返回结果是 map 对象。

那么，也可以传递给 list() 构造函数转换为列表。

```
>>> list(nums2) Enter
[8, 10, 12, 16]
```

　　下面是一个以"名字，年龄"这种形式的字符串为元素的列表 people。

"名字，年龄"形式的列表 people

```
people = ["山田花子,11", "长岛亨,34", "大木诚一,19", ...]
```

　　这里只取出年龄并生成一个列表，然后按年龄进行升序排序。

1

2

3

4

5

6

7

Sample map1.py

```
people = ["山田花子,11", "长岛亨,34", "大木诚一,19",
          "江藤丽子,33", "高田渡边,9"]
ages = list(map(lambda p: int(p.split(",")[1]), people))  ←❶
ages.sort()   ←❷
print(ages)
```

❶中的map()函数的lambda表达式如下。

```
lambda p: int(p.split(",")[1])
```

 split()方法用于字符串，可以按参数中指定的分隔符将字符串分隔为列表。

 是的。这个例子中，使用逗号分隔，返回第二个元素，也就是返回年龄。

 再用int()函数转换为整数！

❷使用sort()方法进行升序排列。

运行结果

```
[9, 11, 19, 33, 34]
```

将乌龟的活动范围限制在x轴的一半

下面修改turtle62-2.py，使用map()函数，将列表all_pos中的x坐标值都除以2。

Sample turtle_map1.py（一部分）

```
~略~
for _ in range(20):
    all_pos.append((random.randint(-X_LIMIT, X_LIMIT),
    random.randint(-Y_LIMIT, Y_LIMIT)))

all_pos2 = map(lambda p: (p[0] / 2, p[1]), all_pos)   ←❶
```

6.2
▼
稍微高级一点的数据的活用方法

继续

继续

```
all_pos.sort(key=lambda p: math.sqrt(
    pow(p[0], 2) + pow(p[1], 2)))
~略~
```

❶执行map()函数，将每个x坐标值都变成原先的一半，这样就可以限制乌龟在x轴的一半范围内活动了。

在x轴方向上限制乌龟的活动范围

读写文本文件

本节讲解Python编程中文本文件的读写方法，还讲解如何捕获按钮菜单。另外，根据操作系统的不同，对路径的处理也不同。

↘ 重点在这里

✓ 文件的打开用 open() 函数，关闭用 close() 函数

✓ 将文件的内容读取到列表中使用 readlines() 方法

✓ 获取目录的路径使用 dirname() 函数

✓ 连接文件的路径使用 join() 函数

✓ 存放执行文件的路径的 __file__

✓ 将字符串写入文件使用 write() 方法

✓ 捕获按键事件使用 onkey() 方法

[6.3.1 文本文件的读取]

Python程序读取文本文件的基本步骤如下。

（1）使用open()函数以读取模式打开文件。

（2）使用readlines()方法读取文件的内容。

（3）使用close()函数关闭文件。

关于open()函数

读取文件内容之前，需要先使用open()函数打开文件。

函 数

◆◆◆◆◆◆◆◆◆◆◆◆◆◆◆◆

open(file, mode='r', encoding=None, newline=None**)**

参 数

file：文件的路径

mode：'r'（读取模式），'w'（写入模式），'a'（追加模式），'x'（排他写入），
'tt'（文本文件模式），'b'（二进制模式）

encoding：文字编码

newline：None（默认，可选参数包括全局换行符、'\n'、'\r'、'\r\n'）

返回值

文件对象

说　明

打开参数file指定的文件，返回文件对象

◆◆◆◆◆◆◆◆◆◆◆◆◆◆◆◆

　　参数encoding用于指定文字编码。例如，读取UTF-8文件时，需要指定为"utf8"。

不指定文字编码会怎么样？

根据环境需要使用文字编码。macOS或Linux中是UTF-8，Windows中默认编码是ShiftJS。为了避免出现乱码，最好指定编码。

参数newline的"全局换行符"，是什么？

是指自动换行模式。本节后面的"专栏"中有总结，稍后读一下。

使用readlines()方法读取索引的行

　　用open()函数打开文件后，返回一个文件对象。文件对象中有几个用于读取文件的方法。首先，对读取文件全部内容、将各行作为元素形成列表的readlines()方法进行介绍。

方　法

readlines(size=-1)

参　数

size：最大字符数（默认读取到文件结尾）

返回值

以每行内容为元素的列表

说　明

读取文本文件，返回由以行为单位的字符串形成的列表

接下来，使用readlines()方法，读取存储在执行程序的所在路径的文本文件sample.txt中的每一行，并显示每行内容（带有行号）。

Sample read1-1.py

```python
f = open("sample.txt", mode="r", encoding="utf8")    ←❶
lines = f.readlines()    ←❷
for n, line in enumerate(lines):
    line = line.rstrip("\n")    ←❹    ←❸
    print(f"{n + 1}:{line}")
f.close()    ←❺
```

❶以读取模式打开文件sample.txt，❷的readlines()方法读取内容并赋给列表lines。

❸的for语句，使用enumerate()函数取出每个索引和元素，再用print()函数显示出来。

需要注意每行都带有换行符。因此，❹使用rstrip()方法删除换行符。

方 法
<hr style="border: 2px dashed;">

rstrip([chars])

参 数
chars：字符
返回值
删除参数chars后的字符串
说 明
删除字符串最后的字符，chars省略的情况下表示删除字符串最后的空白字符
<hr style="border: 2px dashed;">

最后的❺，使用close()函数关闭文件。

运行结果

```
1:摇滚
2:爵士
3:歌谣
4:流行乐
5:表演
6:古典
```

close() 函数是必须执行的吗？

实际上程序终了时会自动关闭的。如果被程序打开以后，进行其他的处理，可能有想不到的坏结果出现。因此要养成使用完后就关闭的习惯。

啊，执行情况的不同也可能导致出错。

是的。处理方法，请参考6.3.2小节的内容。

全局换行符

文本文件的换行符，随操作系统的不同而有所不同。

操作系统中标准的换行符

操作系统	标准的换行符
Windows	CRLF（"\r\n"）
macOS 或 Linux 等	LF（"\n"）
旧 macOS（OS9以前）	CR（"\r"）

另一方面，Python程序内部使用LF（"\n"）作为标准的换行符。

Python为了兼容这些换行符的不同，内置了全局换行符。当启用了全局换行符后，从文件中读取的行，CRLF、CR以及LF都会自动转换。另外，把字符串输出到文件时，字符串里面的LF（"\n"）自动转换为操作系统标准的换行符。

open()函数将参数newline设定为默认值None，就启用了全局换行符。

open()　　　　readlines()　　　　close()

[6.3.2 实现从任意路径读取文件

open()函数的参数中，指定了保存程序文件路径的相对路径，如果不从保存程序文件的路径开始执行就会出错。因为不知道被读取的文件在什么地方。

例如，在Home\Documents\PythonProgs路径下保存着read1-1.py和sample.txt文件，从Documents路径下执行read1-1.py就会出错。

使用相对路径时要注意文件的位置

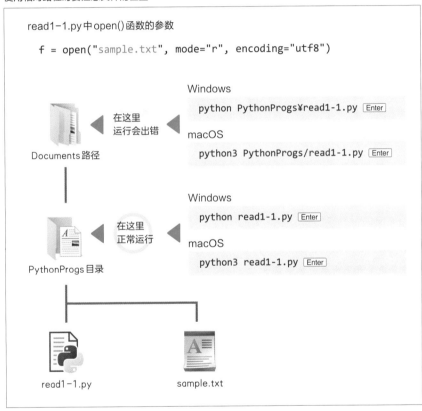

在Windows中的运行结果（显示错误）

```
C:¥Users¥o2¥Documents> python PythonProgs¥read1-1.py Enter
Traceback (most recent call last):
  File "PythonProgs/read1-1.py", line 1, in <module>
    f = open("sample.txt", mode="r", encoding="utf8")
FileNotFoundError: [Errno 2] No such file or directory:
'sample.txt'
```

在macOS中的运行结果（显示错误）

```
$ python3 PythonProgs/read1-1.py Enter
Traceback (most recent call last):
  File "PythonProgs/read1-1.py", line 1, in <module>
    f = open("sample.txt", mode="r", encoding="utf8")
FileNotFoundError: [Errno 2] No such file or directory:
'sample.txt'
```

兼容系统造成的路径差异

为了兼容由系统造成的路径差异，Python内置了os.path模块。使用该模块中的dirname()函数可以从路径中删除文件名，只提取目录的部分，以及使用join()函数连接路径和文件名，非常方便。

函　数
◆◆◆◆◆◆◆◆◆◆◆◆◆◆◆

dirname(path)

参　数
path：文件的路径
返回值
目录的路径
说　明
返回参数path的目录的路径
◆◆◆◆◆◆◆◆◆◆◆◆◆◆◆

◆◆◆◆◆◆◆◆◆◆◆◆◆◆◆

join(path, file)

参　数
path：目录的路径
file：文件名

返回值
参数file的路径

说　明
将参数path与参数file根据系统的分隔符连接，返回字符串

◆◆◆◆◆◆◆◆◆◆◆◆◆◆◆

　　另外，程序文件的路径存放在一个特殊的变量"__file__"之中。下面修改read1-1.py。

Sample read1-2.py

```python
import os.path

dirname = os.path.dirname(__file__)      ←❶
path = os.path.join(dirname, "sample.txt")      ←❷
f = open(path, mode="r", encoding="utf8")
lines = f.readlines()
for n, line in enumerate(lines):
    line = line.rstrip("\n")
    print(f"{n + 1}:{line}")
f.close()
```

　　❶的dirname()函数，用于从文件的路径(__file__)中取出目录名称，❷使用join()函数将目录名称与sample.txt连接。程序文件位于Home\Documents\PythonProgs路径下时，变量path的值如下。

Windows

```
C:¥Users¥用户名¥Documents¥PythonProgs¥sample.txt
```

macOS

```
/Users/用户名/Documents/PythonProgs/sample.txt
```

用于存放程序文件路径的变量"__file__"是一个比较奇怪的变量名呀。

"__xxx__"形式的变量名叫作"特殊变量",用于特殊用途的变量。

join() 函数连接目录和文件名,光使用"+"运算符连接不可以吗?我用的是 Mac,像下面这样的风格。

```
path = dirname + "/sample.txt"
```

macOS 或 Linux 的路径分隔符是"/",但是 Windows 的路径分隔符是"¥",路径分隔符与操作系统有关。为了能够在所有操作系统上都能正常运行,必须使用根据操作系统的分隔符实现连接的 join() 函数。

6.3.3 用 with 语句简单地处理文件

使用如下形式的 with 语句和 open() 函数,文件的处理会变得简单。

使用 with 语句和 open() 函数

```
with open(~) as 变量:
    处理
```

with 语句的后面是 open() 函数,as 的后面是表示文件对象的变量。当文件被打开时,将文件对象赋给变量。with 语句的语句块用于打开文件时对文件的处理。当跳出语句块时文件自动关闭。

下面,将使用 readlines() 方法读取文件的 read1-2.py,将其修改为使用 with 语句的形式。

Sample read2.py

```
import os.path

dirname = os.path.dirname(__file__)
path = os.path.join(dirname, "sample.txt")

with open(path, mode="r", encoding="utf8") as f:
    lines = f.readlines()
    for n, line in enumerate(lines):                    ←❶
        line = line.rstrip("\n")
        print(f"{n + 1}:{line}")
```

❶是with语句。语句块中的处理和read1-2.py是相同的，但是不需要使用close()函数。

[6.3.4　一行一行地读取文件]

前面的示例中使用的readlines()方法，是把文件的内容一次性读取，当文件较大时，这样做比较消耗内存。当文件尺寸比较大或者文件大小未知时，逐行读取再进行处理比较好。

使用for语句循环文件对象实现逐行读取

使用for语句循环文件对象实现逐行读取，格式如下。

使用for语句循环文件对象

```
for line in 文件对象
    处理
```

下面将read2.py修改为逐行读取的形式。

Sample read3.py

```
import os.path

dirname = os.path.dirname(__file__)
path = os.path.join(dirname, "sample.txt")

with open(path, mode="r", encoding="utf8") as f:
    for n, line in enumerate(f):
        line = line.rstrip("\n")          ←❷  ←❶
        print(f"{n + 1}:{line}")
```

❶的for语句实现循环读取文件，文件对象可以作为enumerate()函数的参数。另外，这种情况下，各行的最后包含换行符，❷中使用rstrip()方法删除换行符。

这个例子中将文件对象指定到for语句的in的后面，自动地逐行读取。那有没有逐行读取的方法呢？

当然有。使用readline()方法可以实现逐行读取，注意，不是readlines()。readline()方法是从打开的文件中一行一行地读取的方法，读取到文件末尾时返回空字符串""。对于上面的read3.py的❶的for语句，下面使用readline()方法可以实现相同的功能。

```
while True:
    line = f.readline()
    if line == "":
        break
    line = line.rstrip("\n")
    print(f"{num}:{line}")
    num += 1
```

原来如此。但是read3.py的for循环更为简单！

[6.3.5 从文件读取乌龟的移动目标]

作为从文本文件读取数据的例子，下面的文本文件 tpos.txt 保存着移动目标的坐标数据。接下来编写一个从该文件中读取数据，让乌龟移动的程序。

Sample tpos.txt

```
84,-2,d
96,92,d
~略~
219,332,u
-278,328,d
-288,-270,d
308,-299,d
```

这个文件中的各行保存着用逗号分隔的如下形式的数据。

tpos.txt 的数据

```
x坐标,y坐标,笔的状态
  ↓     ↓     ↓
84,  -2,  d
```

最后的数据，d 表示抬起笔，u 表示放下笔。放下笔时移动乌龟就会画线。

下面，从 tpos.txt 中读取坐标和笔的状态，让乌龟移动并且画线。

Sample tread1.py

```python
import os.path
import turtle
import random


my_turtle = turtle.Turtle()
my_turtle.pensize(4)
my_turtle.shapesize(2)
my_turtle.shape("turtle")
screen = turtle.Screen()
screen.title("文本文件的读取")
screen.setup(800, 800)
```

继续

```
# 指定数据文件                                            继续
dirname = os.path.dirname(__file__)
path = os.path.join(dirname, "tpos.txt")        ←❶

with open(path, mode="r", encoding="utf8") as f: ←❷
    for line in f:
        line = line.rstrip("\n")        ←❹
        pos = line.split(",")           ←❺
        if pos[2] == "d":
            my_turtle.pendown()
        else:                           ←❻
            my_turtle.penup()
        x = int(pos[0])
        y = int(pos[1])                 ←❼
        my_turtle.setheading(my_turtle.towards(x, y))
        my_turtle.goto(x, y)                          ←❽

screen.mainloop()
```

❶中将与程序文件在同一个路径下的tpos.txt的路径赋给变量path。

❷的with语句，使用open()函数打开文件，生成文件对象，❸的for语句逐行读取。

❹使用rstrip()方法删除换行符，❺使用split()方法使用逗号作为分隔符将字符串分隔为列表，并赋给变量pos。于是列表pos的元素就是x坐标、y坐标和笔的状态。

列表pos的元素

x坐标	y坐标	笔的状态（u或者d）

❻的if语句中的pos[2]（第三个元素）是d时，放下笔，否则抬起笔。

❼将x坐标赋给变量x，y坐标赋给变量y，❽让乌龟朝着指定方向移动。

运行结果

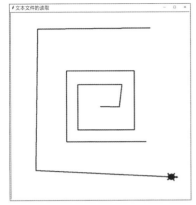

❼将 x 坐标和 y 坐标传递给 int() 函数，这个有必要吗？

有必要。从文件读取进来的状态是字符串，如果不转换
为整数就不能传递给 towards() 方法和 goto() 方法。

[6.3.6 将字符串写入文本文件]

下面讲解将字符串写入文本文件的方法。首先用 open() 函数以写入模式（"w"）打开文件，将字符串作为参数执行 write() 方法。

方　法

write(s)

参　数
s：要输出的字符串

返回值
输出的字符串

说　明
将参数 s 指定的字符串输出到文本文件

需要注意的是，write() 方法不会自动写入换行符。如果想写入，就需要在字符串结尾追加 "\n"。下面的示例，将字符串写入文本文件 output.txt。

Sample write1.py

```
import os.path

dirname = os.path.dirname(__file__)
path = os.path.join(dirname, "output.txt")
with open(path, "w", encoding="utf8") as f:     ←❶
    f.write("你好")          ←❷
    f.write("Python" + "\n")  ←❸
    f.write("Python入门" + "\n")  ←❹
```

❶以写入模式"w"打开文件。

❷不换行、❸和❹加上换行符再写入字符串。

注：本书的示例文件中提供的是已经写入的文本文件output.txt，作为参考使用。如果执行相同路径下的write1.py，会覆盖该文件，请注意。

运行结果：输出文件output.txt

```
你好Python
Python入门
```

我的计算机是Windows系统，是不是换行符使用CRLF（"\r\n"）输出到文件比较好？

默认设定为全局换行符，可以根据操作系统的不同自动转换，没关系的。

6.3.7　将乌龟运动轨迹写入文件

还记得在窗口上点击鼠标，让乌龟移动到点击的位置，并且画线的程序onclick2.py吗？这里对onclick2.py进行一些改进，实现将鼠标点击位置、笔的状态保存到文本文件tpos.txt中。输出格式与tread1.py是相同的，执行tread1.py可以再将数据读取进来让乌龟移动。

将乌龟运行的位置写入文件，然后将数据读取进来让乌龟移动

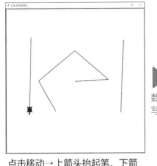

tpos.txt

191,9,d
-2,168,d
-212,3,d
-113,-165,d
261,-172,u
~略~

数据
写入

数据
读取

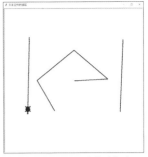

点击移动→上箭头抬起笔、下箭
头放下笔→q终止程序

读取 tpos.txt，让乌龟动起来

捕获按键事件

这个程序中需要按键盘上的↑或↓，与捕获鼠标点击事件相同，当按
键盘的某个键会发生按键事件时，使用onkey()方法可以捕获按键事件。

方 法

onkey(func, key)

参 数
func：被调用的函数
key：键

返回值
无

说 明
按下参数key指定的键，就调用参数func指定的函数

key参数中既可以指定a或k之类的字母键，也可以指定为Up（↑）、
Down（↓）之类的方向键。

另外，在使用onkey()方法之前，需要先执行listen()方法。

```
screen.listen()          ← 先执行listen()方法
screen.onkey(up, "Up")   ← 按↑键，调用up()函数
```

程序用于实现当按↑键时，就抬起笔，按↓键时，就放下笔。

267

另外，输入 "q" 就把数据写入文件，并且结束程序的运行。

注：执行下面的twrite1.py，会覆盖6.3.5小节中的tpos.txt文件。如果有必要，事先做好备份。

完整的程序清单

程序清单如下。

`Sample` twrite1.py

```python
import turtle
import sys
import os

# 输出文件
dirname = os.path.dirname(__file__)
path = os.path.join(dirname, "tpos.txt")

my_turtle = turtle.Turtle()
screen = turtle.Screen()
screen.setup(800, 800)
screen.title("文本文件的写入")
my_turtle.pensize(3)
my_turtle.shapesize(2)
my_turtle.shape("turtle")

# 乌龟的位置
pos = []                    ←❶

def up():
    my_turtle.penup()       ←❷

def down():
    my_turtle.pendown()     ←❸

def quit():
    with open(path, mode="w", encoding="utf8") as f:
        for p in pos:                                          ←❹
            f.write(f"{int(p[0])},{int(p[1])},{p[2]}\n")
❺
    sys.exit()
```

继续

```
def draw_line(x, y):
    if my_turtle.isdown():
        pos.append((x, y, "d"))        ←❼
    else:                                       ←❻
        pos.append((x, y, "u"))
    my_turtle.setheading(my_turtle.towards(x, y))
    my_turtle.setpos(x, y)

screen.listen()     ←❽
screen.onkey(up, "Up")
screen.onkey(down, "Down")       ←❾
screen.onkey(quit, "q")
screen.onscreenclick(draw_line)      ←❿

screen.mainloop()
```

❶准备一个用于存放鼠标点击位置和笔的状态的空列表pos。

❷和❸定义一个抬起笔的up()函数和放下笔的down()函数。

❹如果按q键就调用quit()函数。使用open()函数以写入模式打开文件，❺使用for语句将变量pos中存放的x坐标、y坐标、笔的状态以元组的形式读取出来，再用write()方法写入文件。另外，坐标是浮点型数据，因此使用int()函数进行了转换。

❻定义了画线的draw_line()函数。笔是抬起来的还是放下的，使用isdown()方法可以获知。

方 法

isdown()

参 数
无

返回值
True或False

说 明
放下笔时返回True，抬起笔时返回False

❼使用if语句判断笔的状态，再用append()方法将"(x坐标，y坐标，

笔的状态)"以元组的形式追加到列表 pos 中。

❽启用 listen() 方法，使用❾的 onkey() 方法监视按键，当按下各个键时，分别调用各个函数。

要让按键事件有效，需要预先执行 listen() 方法。

是的，请注意不要忘记。

❿使用 onscreenclick() 方法，当发生了点击事件时就调用 draw_line() 函数。

实际执行一下 twrite1.py，确认一下是否能够将数据写入 tpos.txt。

另外，执行 tread1.py 读取数据，确认一下是否会按数据进行画线。

运行结果

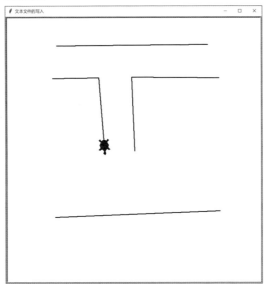

注：左图的运行结果，依赖于 twrite1.py 执行时乌龟的移动状态。

6 4 使用推导式生成列表、字典、集合

本节讲解Python中一个叫作"推导式"的特色功能。如果能巧妙地使用推导式，可以实现只使用一条语句就产生基于某种规则的列表、字典或集合。

↘ 重点在这里

✓ 使用列表推导式可以很简便地生成列表

[式 for 变量 in 可遍历对象]

✓ filter() 函数或 map() 函数可以用推导式代替

✓ 使用字典推导式可以很简便地生成字典

{ 式 for 变量 in 可遍历对象 }

✓ 使用集合推导式可以很简便地生成集合

{ 式 for 变量 in 可遍历对象 if 条件表达式 }

[6.4.1 使用列表推导式]

Python的推导式包括列表推导式、字典推导式和集合推导式。首先从列表推导式开始讲解。

列表推导式使用for语句生成列表的元素

列表推导式，使用for语句等循环结构生成列表的元素。首先看一个简单的例子加深一下对推导式的印象。

例如，使用for语句生成由20以下所有的偶数形成的列表enums。

Sample lcomp1-1.py

```
enums = []  ←❶
for num in range(0, 20, 2):  ⎤
    enums.append(num)  ←❸ ⎦ ←❷

print(enums)  ←❹
```

❶准备一个空列表enums，❷使用for语句向列表追加元素。in后面的 range(0, 20, 0)用于生成由20以下所有偶数形成的列表。将每个偶数依次赋给变量num。

for语句的语句块，❸的append()方法将变量num追加到列表enums后面。

❹使用print()函数，显示列表enums。

运行结果

```
[0, 2, 4, 6, 8, 10, 12, 14, 16, 18]
```

 这个例子，要生成由20以下所有偶数构成的列表，需要用到3行代码。

是的。

将lcomp1-1.py使用列表推导式的代码形式如下所示。

Sample lcomp1-2.py

```
enums = [num for num in range(0, 20, 2)] ←❶

print(enums)
```

❶是列表推导式。lcomp1-1.py中的3行变成了1行。

for语句

```
enums = []
for num in range(0, 20, 2):
    enums.append(num)
```

列表推导式

```
enums = [num for num in range(0, 20, 2)]
```

运行结果

```
[0, 2, 4, 6, 8, 10, 12, 14, 16, 18]
```

确实 for 语句的 3 行，使用列表推导式只需要 1 行就可以。但是不太理解具体实现了什么。

下面会分阶段进行详细讲解，不用担心。另外，推导式是英语 Comprehension 的直译。有点儿奇怪的术语，不需要深入考虑。

[6.4.2 理解列表推导式的内部工作原理]

列表推导式的基本格式如下。

列表推导式的基本格式

```
[式 for 变量 in 可遍历对象]
    ①将元素值逐一取出赋给变量
②将变量的值在式中处理，依次作为新列表的元素
[值1,值2,值3,......]
```

通过 for in 语句，从 range 等可遍历对象中依次取出每个元素，书写在前面的表达式用于对元素进行处理，再形成元素构成新的列表。lcomp1-2.py 的推导式中直接使用了变量自身，因此构成新的列表的元素，就是从 range 对象中取出的值。

```
enums = [num for num in range(0, 20, 2)]
```

将 for 语句和列表推导式进行比较，确认列表推导式的工作方式。

for 语句和列表推导式

```
enums = []
for num in range(0, 20, 2):
    enums.append(num)

enums = [num for num in range(0, 20, 2)]
```

已经大致了解了列表推导式的工作方式。这个例子相当于把range对象传递给了list()构造函数。

```
enums = [num for num in range(0, 20, 2)]
```

```
enums = list(range(0, 20, 2))
```

哦，理解得很好。再看一个能够体现列表推导式的示例。

生成月份名称的列表

可以使用列表推导式处理值。下面生成一个以月份名称为元素的列表，如"1月""2月"……"12月"。

Sample month1.py

```
months = [str(m) + "月" for m in range(1, 13)]  ←①
print(months)
```

①中使用了列表推导式。

这个例子中，"for m in range(1,13)"取出1 ~ 12之间的整数，并使用str(m)转换为字符串，再用"+"运算符与"月"连接。

运行结果

```
['1月', '2月', '3月', '4月', '5月', '6月', '7月', '8月', '9
月', '10月', '11月', '12月']
```

与前面的示例不同，这里体现出了列表推导式的特色。

如果使用for语句实现这个功能，该怎么写呢?

像下面这样!

```
months = []
for m in range(1, 13):
    months.append(str(m) + "月")
```

原来如此。但我觉得使用列表推导式更容易理解。

这种程度的处理，使用哪一个都可以。但是，在其他人的程序中经常出现列表推导式，我们必须习惯。此外，大多数情况下，列表推导式的速度更快。

[6.4.3　从列表或字符串中生成列表]

列表推导式的in后面，可以指定为可遍历的对象。因此，可以从列表、元组、字符串等对象中取出值，构成列表。

下面的示例，从日本历法中的平成年份构成的列表hyears中产生对应的公历年份。

Sample syears1.py

```
hyears = [13, 15, 20, 5, 6]
syears = [y + 1988 for y in hyears]    ←❶


print(syears)
```

❶使用列表推导式，将列表hyears的每个元素都加上1988，就生成了对应的公历年份列表syears。

运行结果

```
[2001, 2003, 2008, 1993, 1994]
```

同样地，列表推导式的in后面可以指定为字符串。下面的例子，从字符串"东西南北"中取出每个字符，形成以"'[东]', '[西]', '[南]', '[北]'"为元素的列表dirs2。

Sample ewsn1.py

```
dirs1 = "东西南北"
dirs2 = ["[" + d + "]" for d in dirs1]    ←❶

print(dirs2)
```

❶使用列表推导式从字符串中取出字符，使用"+"运算符与"["和"]"连接，形成了新的列表。

运行结果

```
['[东]', '[西]', '[南]', '[北]']
```

取出索引和元素

假设有一个列表colors1，根据它生成另一个具有"索引：元素"这种形式的元素的另一个列表colors2。

colors1

```
colors1 = ["白", "绿", "红", "黑"]
```

这种情况下，使用enumerate()函数，取出索引和元素的组合对。for语句后面是表示索引的变量和表示元素的变量，用逗号隔开。

Sample colors1.py

```
colors1 = ["白", "绿", "红", "黑"]
colors2 = [f"{i}: {v}" for i, v in enumerate(colors1)]    ←❶

print(colors2)
```

❶的列表推导式的最后，指定enumerate()函数，从列表colors1中取出索引和元素的组合。

从 colors1 中取出索引和元素的组合

```
              3 黑
              2 红
              1 绿
              0 白
colors2 = [f"{i}: {v}" for i,v in enumerate(colors1)]
```

运行结果

```
['0: 白', '1: 绿', '2: 红', '3: 黑']
```

for 的后面的 "i,v" 是元组吧? 不用括号括起来也可以吗?

```
colors2 = [f"{i}: {v}" for (i, v) in enumerate(colors1)]
```

这样写当然也可以。由于元组的圆括号可以省略,因此大部分都不写。

[6.4.4 在列表推导式中使用 if 设定条件

在列表推导式的最后添加 if 条件表达式,可以只把符合条件的元素取出。

在列表推导式的最后添加 if 条件表达式

```
[式 for 变量 in 可遍历对象 if 条件表达式]
```

下面的例子,列表 nums1 中的元素都是整数,从中只取出偶数构成另一个列表 nums2。

Sample nums1.py

```
nums1 = [9, 33, 41, 5, 6, 8, 99, 18]
nums2 = [n for n in nums1 if n % 2 == 0]   ←❶

print(nums2)
```

❶指定条件表达式为"if n % 2 ==0"，意思是除以2的余数为0，也就是把偶数取出来。

运行结果

```
[6, 8, 18]
```

那么，只把3的倍数取出，该如何做呢？

知道了！将❶写成如下形式。

```
nums2 = [n for n in nums1 if n % 3 == 0]
```

正确！

6.4.5　使用列表推导式代替filter()函数和map()函数

列表推导式可以代替filter()和map()函数的功能。filter()函数请参考6.2.5小节，map()函数请参考6.2.6小节。

代替filter()函数

使用列表推导式可以实现与filter()函数相同的功能，使用if条件表达式来设定即可。

假设有一个列表names1，其元素是("名字","性别")这样的元组。

names1

```
names1 = [("田中一郎", "男"), ("樱井花海", "女"),
          ("江藤勋", "男"), ("金山六郎", "男"),
          ("芹泽一薰", "女"), ("山田诚信", "男")]
```

使用filter()函数，从names1中只取出男性的元素，生成新的列表names2，代码如下。

Sample names1-1.py

```
names1 = [("田中一郎", "男"), ("樱井花海", "女"),
          ("江藤勋", "男"), ("金山六郎", "男"),
          ("芹泽一薰", "女"), ("山田诚信", "男")]

names2 = list(filter(lambda n: n[1] == "男", names1))   ←❶
print(names2)
```

❶中filter()函数的第一个参数，在lambda表达式中指定为"n:n[1] = "男""，取出元组中第二个元素n[1]，最后再用list()构造函数转换为列表。

运行结果

```
[('田中一郎', '男'), ('江藤勋', '男'), ('金山六郎', '男'), ('山
田诚信', '男')]
```

这个names1.py，采用列表推导式的代码如下。

Sample names1-2.py

```
names1 = [("田中一郎", "男"), ("樱井花海", "女"),
          ("江藤勋", "男"), ("金山六郎", "男"),
          ("芹泽一薰", "女"), ("山田诚信", "男")]

names2 = [n for n in names1 if n[1] == "男"]   ←❶

print(names2)
```

❶是列表推导式。与names1-1.py的filter()函数比较一下。

filter()函数

```
names2 = list(filter(lambda n: n[1] == "男", names1))
```

列表推导式

```
names2 = [n for n in names1 if n[1] == "男"]
```

运行结果

```
[('田中一郎', '男'), ('江藤勋', '男'), ('金山六郎', '男'), ('山
田诚信', '男')]
```

原来如此，使用列表推导式比使用filter()函数的代码更为简洁。

我也不善于使用filter()函数和lambda表达式。不过，列表推导式只是看一下的话，很难知道是怎么处理的。

无论哪一个形式，只要自己用惯了就可以。

代替map()函数

map()函数把列表或元组的每个元素执行相同的函数。这个功能也可以用列表推导式代替。

dolls

```
dolls = [9.5, 3.0, 15.0, 16.0, 8.5, 13.5]
```

将各个元素乘以汇率rate，生成以日元为元素的列表yens。

Sample doll1-1.py

```
dolls = [9.5, 3.0, 15.0, 16.0, 8.5, 13.5]
rate = 109.5

yens = list(map(lambda d: d * rate, dolls))  ←❶
print(yens)
```

❶ map()函数的第一个参数，指定 "lambda d: d* rate"，将各个元素都乘以变量 rate 的值。结果传递给 list() 构造函数转换为列表。

运行结果

```
[1040.25, 328.5, 1642.5, 1752.0, 930.75, 1478.25]
```

将上述功能改写为列表推导式，代码如下。

Sample doll1-2.py

```
dolls = [9.5, 3.0, 15.0, 16.0, 8.5, 13.5]
rate = 109.5

yens = [d * rate for d in dolls]
print(yens)
```

与 map() 函数比较，可以看出列表推导式的代码更为简单。

map()函数

```
yens = list(map(lambda d: d * rate, dolls))
```

列表推导式

▼

```
yens = [d * rate for d in dolls]
```

使用列表推导式代替filter()函数和map()函数的组合

把 filter() 函数和 map() 函数组合，filter() 函数用于取出列表的元素、map() 函数对各个元素进行某种处理，这是经常遇到的处理过程。这种处理也可以使用列表推导式代替。

例如，前面所述的包含了美元金额的列表 dolls，从中取出 10 美元以上的元素，然后再转换为日元。这个将 filter() 函数和 map() 函数组合使用的代码如下。

Sample doll2-1.py

```
dolls = [9.5, 3.0, 15.0, 16.0, 8.5, 13.5]
rate = 109.5
```

继续

继续

```
yens = list(map(lambda d: d * rate,
                filter(lambda d: d >= 10, dolls)))
print(yens)
```

❶将filter()函数的运行结果，进一步作为map()函数的参数来使用。

运行结果

```
[1642.5, 1752.0, 1478.25]
```

上述需求可以采用列表推导式实现，代码如下。

Sample doll2-2.py

```
dolls = [9.5, 3.0, 15.0, 16.0, 8.5, 13.5]
rate = 109.5

yens = [d * rate for d in dolls if d >= 10]
print(yens)
```

filter()函数和map()函数的组合

```
yens = list(map(lambda d: d * rate,
                filter(lambda d: d >= 10, dolls)))
```

列表推导式

```
yens = [d * rate for d in dolls if d >= 10]
```

原来如此。通过这个示例可以知道，列表推导式绝对容易理解。

是吧。列表推导式稍微有点儿难以掌握，不过这是必须要掌握的功能。为了练习，可以把使用了filter()函数的turtle_filter1.py和使用了map()函数的turtle_map1.py，尝试使用列表推导式来代替！

6.4.6 使用字典推导式

与列表推导式相同，使用字典推导式也可以生成字典。字典推导式的格式如下。

字典推导式的格式

> {键:值 for 变量 in 可遍历对象}

从两个列表中生成字典

假设有一个列表enw存放着英文的星期名称，还有一个列表jaw存放着日文的星期名称。

enw和jaw

```
enw = ["Sun", "Mon", "Tue", "Wed", "Thu", "Fri", "Sat"]
jaw = ["日", "月", "火", "水", "木", "金", "土"]
```

从这些列表中，以英文的星期名称为键、以日文的星期名称为值，生成字典weekdays的代码如下。

Sample weekdays1.py

```
enw = ["Sun", "Mon", "Tue", "Wed", "Thu", "Fri", "Sat"]
jaw = ["日", "月", "火", "水", "木", "金", "土"]

weekdays = {e:j for e, j in zip(enw, jaw)}   ←❶
print(weekdays)
```

运行结果

```
{'Sun': '日', 'Mon': '月', 'Tue': '火', 'Wed': '水', 'Thu':
'木', 'Fri': '金', 'Sat': '土'}
```

❶使用了字典推导式。in后面的zip()函数，用于返回由两个列表对应元素形成的元组。

函 数

◆◆◆◆◆◆◆◆◆◆◆◆◆◆◆

zip(l1, l2)

参 数
l1：列表1
l2：列表2

返回值
zip对象

说 明
将两个列表中对应的元素打包，以元组的形式返回可遍历的zip对象

◆◆◆◆◆◆◆◆◆◆◆◆◆◆◆

字典推导式，可以将字典的键和值对调。如何做呢？

把键作为值、把值作为键，items()方法可以取出键值对，写成如下形式即可。

```
>>> s1 = {'Summer': '夏', 'Autumn': '秋', 'Winter': '冬', 'Spring'
: '春'} Enter
>>> s2 = {ja: en for en, ja in s1.items()} Enter
>>> s2 Enter
{'夏': 'Summer', '秋': 'Autumn', '冬': 'Winter', '春': 'Spring'}
```

厉害！ items()方法，几乎都完全忘记了！

[6.4.7 使用集合推导式

集合是元素不重复的数据类型。与列表、字典相同，可以使用集合推导式生成集合。

集合推导式的格式

```
{式 for 变量 in 可遍历对象 if 条件表达式}
```

与列表推导式不同，集合推导式整体用"{}"包围，而不是用"[]"包围。

字典推导式也用"{}"包围，不要搞混啊。

使用集合推导式

对于集合推导式，如果原始对象包含重复元素，则自动删除重复元素。假设有一个存放公历年份的列表years1。

years1

```
years1 = [1989, 2018, 1989, 1972, 2001, 1972, 2018]
```

下面把年份取出来，生成以"××××年"这种形式为元素的集合。

Sample years1.py

```
years1 = [1989, 2018, 1989, 1972, 2001, 1972, 2018]
years2 = {str(y) + "年" for y in years1}    ←❶
print(years2)
```

❶使用了集合推导式，"str(y) + "年""是把年份转换为字符串再和"年"连接。

运行结果

```
{'2018年', '1989年', '1972年', '2001年'}
```

确实，重复元素被删除了。

真的哎！

指定if条件表达式

集合推导式中也可以添加if条件表达式来设定条件。下面的示例从上述列表years1中取出2000以上的元素。

Sample years2.py

```
years1 = [1989, 2018, 1989, 1972, 2001, 1972, 2018]
years2 = {str(y) + "年" for y in years1 if y >= 2000}    ←❶
print(years2)
```

❶的集合推导式中追加了"if y>=2000"。

运行结果

```
{'2001年', '2018年'}
```

列表推导式、字典推导式、集合推导式都有了，那么有元组推导式吗？

没有。如果要用推导式生成元组，需要先生成列表推导式，再传递给tuple()构造函数转换为元组。

```
>>> l1 = [n * 2 for n in [4, 5, 6]]  Enter  ← 利用列表推导式，生成元素的2倍的列表
>>> t1 = tuple(l1)  Enter  ← 转换为元组
>>> t1  Enter
(8, 10, 12)
```

需要注意的是，如果列表推导式中没使用中括号，而是使用了"()"，看上去很像元组推导式。但是，这个被称为"生成器表达式"。

```
>>> l1 = (n * 2 for n in [4, 5, 6])  Enter  ← 很像元组推导式
>>> type(l1)  Enter  ← 用type()函数确认类型
<class 'generator'>
```

生成器与生成器表达式是更加高级的功能。可以生成可遍历自身的对象。可以通过本书理解Python的基本知识以后，再通过网络进行学习。

挑战游戏制作

　　作为本书的最后一章，将使用前面讲解过的turtle模块制作应用程序。源代码文件与之前的示例相比会更长，不过会分阶段地进行讲解，请务必要挑战一下。

7．1 应用程序的概要和目标物的移动

本节首先说明一下要制作的应用程序的功能。稍后在旋转目标物的同时，制作向左右移动的部分。

重点在这里

- ✓ 用于强制更新画面的 update() 方法
- ✓ 用于将乌龟倾斜的 tilt() 方法
- ✓ 用于返回乌龟当前位置的 x 坐标的 xcor() 方法，返回乌龟当前位置的 y 坐标的 ycor() 方法
- ✓ 用于设定乌龟的 x 坐标的 setx() 方法，设定乌龟的 y 坐标的 sety() 方法
- ✓ math 模块中的 fabs() 函数用于返回绝对值

[7.1.1 要制作什么样的游戏]

下面展示一下灵活运用 turtle 模块制作的应用程序的运行画面。游戏的动机比较单纯，让乌龟去碰撞在旋转的同时并且向左右移动的 6 个目标物。当按下→键时乌龟可以向右旋转，按下←键时乌龟可以向左旋转，前进的方向也可以变更。

游戏运行画面

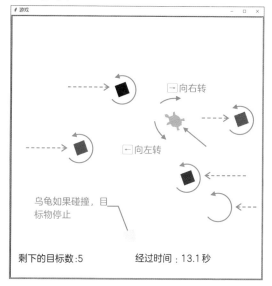

被乌龟碰撞的目标物会变成灰色，并且停止移动。比赛的目的是计算让6个目标物全部停止所用的时间。

如果乌龟碰到了最下面的墙壁则游戏结束。

Game Over

感觉很难啊……

目标物和乌龟的动作按顺序讲解，请加油！

7.1.2　旋转一个目标物并左右移动

将游戏的程序分成几个阶段分开讲解。第一个阶段，处理其中一个目标物在旋转的同时让其左右移动。如果碰到了左右两边的墙壁就反转方向。

目标物的动作

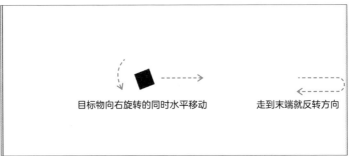

目标物向右旋转的同时水平移动　　　走到末端就反转方向

关于处理的流程

制作的游戏，需要用程序来控制画面的更新，因此使用tracer()方法（6.1.6小节）将画面的自动更新关闭。但是，那样做会连目标物和乌龟的移动画面也无法显示出来。在循环的同时，调用Screen类的update()方法更新画面是必需的。

方　法

update()

参　数
无
返回值
无
说　明
强制更新画面

游戏基本的运动是采用game()函数来定义的。game()函数的处理流程如下。

game()函数的处理流程

```
screen.tracer(0)    ← 关闭自动更新
def game():
    ⋮    ← 目标物旋转的同时左右移动
    screen.update()    ← 更新画面
    screen.ontimer(game, 10)    ← 每隔10毫秒调用自身
```

在最后，执行ontimer()方法，每隔10毫秒就调用自身。

看一下程序的内容

下面是这一部分的完整代码。

Sample target1.py

```
import turtle
import math
import random

def game():    ←①
    target.forward(random.randrange(10))    ←②
    target.tilt(3)    ←③

    # 碰到墙壁就将乌龟反转
    if math.fabs(target.xcor()) > X_LIMIT:
        target.right(180)                          ←④
        target.forward(10)

    # 更新画面
    screen.update()    ←⑤
    screen.ontimer(game, 10)    ←⑥

screen = turtle.Screen()
screen.setup(900, 900)
screen.title("游戏")
```

继续

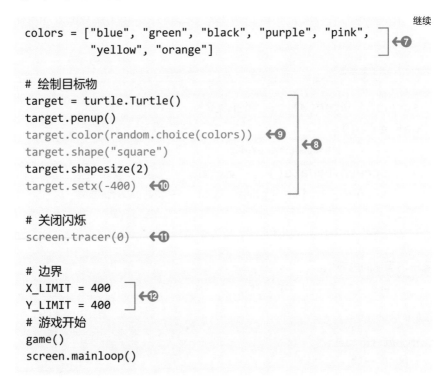

```
                                                          继续
colors = ["blue", "green", "black", "purple", "pink",
          "yellow", "orange"]                         ←7

# 绘制目标物
target = turtle.Turtle()
target.penup()
target.color(random.choice(colors))  ←9
target.shape("square")                    ←8
target.shapesize(2)
target.setx(-400)  ←10

# 关闭闪烁
screen.tracer(0)  ←11

# 边界
X_LIMIT = 400
Y_LIMIT = 400  ←12
# 游戏开始
game()
screen.mainloop()
```

❶是game()函数的定义。

❷的forward()方法让目标物前进。参数random.randrange(10)用于实现按10以下的随机数值移动。

❸的tilt()方法是按照指定角度倾斜。这里设置为按3°倾斜。forward()方法和tilt()方法反复执行就实现了目标物在旋转的同时移动。

❹的if语句用于碰到x轴就让其反转。xcor()方法用于返回目标物当前位置的x坐标。

方 法
〜〜〜〜〜〜〜〜〜〜〜〜〜

xcor()

参 数
无
返回值
x坐标
说 明
返回目标物当前位置的x坐标
〜〜〜〜〜〜〜〜〜〜〜〜〜

xcor()方法返回x坐标，那么y坐标呢？

ycor()方法！

正确！

❹的math模块的fabs()函数用于返回绝对值。

函　数

◆◆◆◆◆◆◆◆◆◆◆◆◆◆◆

fabs(v)

参　数

v：数值

返回值

绝对值

说　明

返回参数v的绝对值

◆◆◆◆◆◆◆◆◆◆◆◆◆◆◆

　　如果移动到X_LIMIT的左侧或X_LIMIT的右侧，条件表达式为True时，就使用right()方法反转，再使用forward()方法按每10像素的距离进行移动。

绝对值是什么？

忽略符号的值呀。如果是正数就是其自身，如果是负数，就是将负号去掉的数字。

　　❺的update()方法更新画面，❻的ontimer()方法用于每隔10毫秒就调用自身的重复处理。

　　❼将7个颜色赋给元组colors。目标物的颜色从这些颜色中随机选择。

　　❽生成目标物，并且设定颜色和形状。形状设定为square（正方形）。

　　❾使用random模块的choice()方法，随机选择乌龟的颜色。

　　❿的setx()方法用于设定目标物的x坐标，让目标物向参数中指定的x坐标移动。

方　法

setx(x)

参　数
x：x坐标

返回值
无

说　明
设定乌龟的x坐标

⓬将x轴和y轴方向墙壁的位置，分别指定为常数X_LIMIT和Y_LIMIT。

❾的random.choice()方法是干什么的？

choice()函数用于从列表中随机取出一个元素。

把⓫的screen.tracer(0)和❺的screen.update()注释掉，像平常一样自动更新会怎么样？

实际玩一下就知道了，动作会变慢。对于要求速度的游戏程序，❺和⓫的组合使用是必需的。
另外，tracer(0)是关闭自动更新，tracer(1)是开启。也可以指定1以外的整数值。例如，指定为3时，3次自动更新变成1次，看起来速度会变快。那种情况下，就不需要update()方法。

原来如此，实际玩了一下，速度确实变快了，但是动作有点儿不自然了。

[7.1.3　移动6个目标物]

下面将目标物增加至6个。

让6个目标物移动

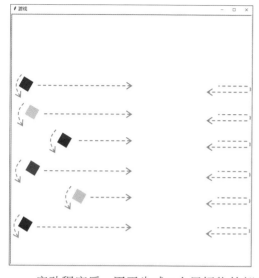

启动程序后，用于生成6个目标物的部分，以及game()函数中6个目标物移动的部分，使用for语句实现。

下面是程序清单。

Sample target2.py（一部分）

```
~略~
def game():    ←①
    # 移动目标物
    for t in targets:
        t.forward(random.randrange(10))
        t.tilt(3)
        if math.fabs(t.xcor()) > X_LIMIT:    ←②
            t.right(180)
            t.forward(10)
    # 更新画面
    screen.update()
    screen.ontimer(game, 10)
~略~

# 存放目标物的列表
targets = []    ←③
```

继续

继续

```
# 目标物的数量
num_of_targets = 6    ←❹

# 绘制目标物
for y in range(num_of_targets):
    t = turtle.Turtle()
    t.penup()
    t.color(random.choice(colors))    ←❻
    t.shape("square")
    t.shapesize(2)                           ←❺
    t.sety(y * 100 - 300)    ←❼
    t.setx(-400 + random.randrange(4) * 100)
    # 将目标物追加到列表targets
    targets.append(t)    ←❽

# 关闭闪烁
screen.tracer(0)

# 边界
X_LIMIT = 400
Y_LIMIT = 400

# 游戏开始
game()
screen.mainloop()
```

❶的game()函数和❷的for语句从targets列表中将目标物一个一个地取出，在旋转的同时让其移动。for语句的语句块处理和一个目标物的处理是一样的。

❸准备一个用于存放目标物的空列表targets。

❹变量num_of_targets是目标物的数量。修改这个值可以修改目标物的总数。

❺的for语句，按照num_of_targets生成目标物。

❻使用choice()方法，从列表colors中随机取出一个颜色。

❼的sety()方法用于每隔100像素设定一个目标物的y坐标。

方 法

sety(y)

参 数

y：y坐标

返回值

无

说 明

设定乌龟的y坐标

❽使用append()方法，将生成的目标物追加到列表targets中。

❻的choice()方法随机从列表中取出颜色，6个目标物有可能都是相同的颜色。可以设置全部不相同的颜色吗？

有很多实现的方法。如果是我的话，会写成如下形式。

①存放颜色的colors不使用元组，改成列表

```
colors = ["blue", "green", "black", "purple", "pink",
          "yellow", "orange"]
```

②使用shuffle()方法将colors的元素打乱

```
random.shuffle(colors)
```

③对colors执行pop()方法，将最后的元素取出来用于设定颜色

```
t.color(colors.pop())
```

原来如此。最后的pop()方法是用于列表的方法吗？

是的呀。pop()方法用于从列表中删除最后的元素并返回元素的值。经常会用到，还是记住比较好。

7 2 控制乌龟的移动方式

在 7.1 节已经完成了让 6 个目标物一边旋转一边左右移动。本节继续完成当乌龟碰到目标物后的移动。通过左右的箭头控制乌龟的倾斜度。

↘ 重点在这里

- ✓ 使用 heading() 方法返回乌龟的角度
- ✓ 使用 setheading() 方法设定乌龟的角度
- ✓ 当碰到左右的墙壁时弹回的角度,采用"180° − 碰撞之前的角度"的方式来计算
- ✓ 使用 listen() 方法让按键事件生效

[7.2.1 使乌龟碰到墙壁时反弹回来]

目标物只沿着水平方向移动,但是把乌龟设计为可以斜向移动。

让乌龟可以斜向移动

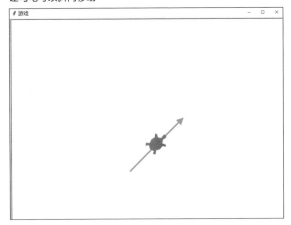

碰到墙壁时的角度是多少

乌龟碰到左右以及上边的墙壁时，按照入射角等于反射角的条件来设定反弹回来的行为。

入射角和反射角

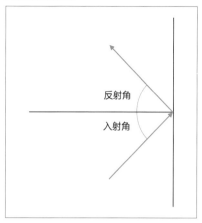

 入射角和反射角，在物理课上学过。

是的。

通过heading()方法可以指定乌龟当前的角度。

方 法

heading()

参 数
无

返回值
角度

说 明
返回乌龟当前的角度

当乌龟碰到左右的墙壁，用180° 减去现在的角度得到的值就是碰撞后的角度。 例如， 碰撞前的角度是angle1， 碰撞后的角度angle2采用

180-angle1得到。

碰到墙壁时的角度与碰撞后的角度

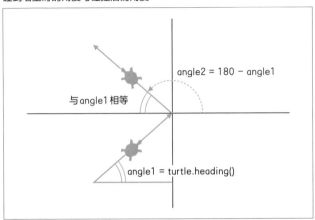

与angle1相等

angle2 = 180 − angle1

angle1 = turtle.heading()

乌龟的角度可以用setheading()方法设定，碰撞到墙壁后的新的角度实现方式如下。

设定碰撞到左右墙壁后反弹回来的角度

```
if math.fabs(my_turtle.xcor()) >= X_LIMIT:    ←❶
    angle = 180 - my_turtle.heading()    ←❷
    my_turtle.setheading(angle)    ←❸
```

由于墙壁有左右之分，❶的if语句中使用math.fabs()函数计算x坐标的绝对值，用于判断是否超过了X_LIMIT。如果超过了，就用180°减去现在乌龟的角度，赋给变量angle。

❸的setheading()方法将angle作为参数来执行，设定了新的角度。

同样地，当碰到上下墙壁时，用360°减去碰撞前的角度。乌龟的y坐标可以用ycor()方法来获取，因此碰到上边的墙壁时的角度，采用如下方式设定。

碰到上边墙壁反弹回来的角度设定

```
if my_turtle.ycor() >= Y_LIMIT:
    angle = 360 - my_turtle.heading()
    my_turtle.setheading(angle)
```

与碰到左右墙壁的处理不同，这次if语句的条件表达式中没有计算绝对值。

是的。乌龟碰到下边的墙壁的话，游戏就结束了，因此不需要计算绝对值。

7.2.2 乌龟移动的程序部分

下面的代码实现了让乌龟移动的基本部分。

Sample turtle1.py

```python
import turtle
import math

def game():    ←❶
    # 碰到墙壁就将乌龟反转
    if math.fabs(my_turtle.xcor()) >= X_LIMIT:
        angle = 180 - my_turtle.heading()
        my_turtle.setheading(angle)
    if my_turtle.ycor() >= Y_LIMIT:              ←❷
        angle = 360 - my_turtle.heading()
        my_turtle.setheading(angle)

    my_turtle.forward(step)    ←❸

    # 更新画面
    screen.update()
    screen.ontimer(game, 10)    ←❹


screen = turtle.Screen()
screen.setup(900, 900)
screen.title("游戏")
```

继续

继续

```
my_turtle = turtle.Turtle()
my_turtle.shape("turtle")
my_turtle.shapesize(3)          ←❺
my_turtle.color("orange")
my_turtle.penup()


# 关闭屏幕闪烁
screen.tracer(0)


# 边界
X_LIMIT = 400
Y_LIMIT = 400


# 每循环一次乌龟移动的距离
step = 3     ←❻
# 乌龟的角度
angle = 40
my_turtle.left(angle)      ←❼


# 游戏开始
game()


screen.mainloop()
```

　　与前一节的目标物的移动系统一样，乌龟的移动通过❶的game()函数实现。

　　❷的if语句就是7.2.1小节中讲过的碰到墙壁就反弹回来的处理。

　　❸执行forward()方法，乌龟按变量step的值移动。

　　❺生成乌龟的实例my_turtle，将乌龟形状设定为turtle。

　　❻在循环的过程中，使用变量step来设定乌龟移动的程度。

　　❼将变量angle的设定值作为乌龟最初的角度。

如果想增加乌龟的速度，将变量step增大就可以了吧。

是的，但是，过于大的话动作就不自然了。

乌龟的速度，通过❹的ontimer()方法的第二个参数也能调节吧？

没错。在实际的游戏中，目标物的移动也是在game()函数中进行的。

原来如此。改变ontimer()方法的参数，不仅是乌龟，连目标物的速度也被改变了。

[7.2.3] 使用左右方向键改变乌龟的朝向

接下来，每按一次←键，就让乌龟向左旋转10°，每按一次→键，就让乌龟向右旋转10°。

使用左右方向键改变乌龟的朝向

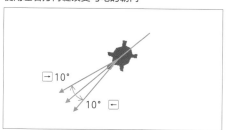

当箭头被按下时的处理采用onkey()方法来设定。下面是程序清单。

Sample turtle2.py（一部分）

```
def tleft():
    # 向左旋转          ←❶
    my_turtle.left(10)
```

```
def tright():
    # 向右旋转
    my_turtle.right(10)
```
←❷

```
# 按键事件
screen.listen()   ←❸
screen.onkey(tleft, "Left")    ←❹
screen.onkey(tright, "Right")  ←❺
```

❶是每次让乌龟向左旋转10°的tleft()函数，❷是每次让乌龟向右旋转10°的tright()函数。

❸让按键事件生效，❹的onkey()方法，当按下←键时调用tleft()函数，当按下→键时调用tright()函数。

screen.listen()方法是干什么的？

是用于让键的监视生效的方法。

当箭头被按下时，通过❶的tleft()函数和❷的tright()函数按10°改变乌龟的角度。这部分也可以调整，如设置成随机的角度间隔会变得更有趣。

```
my_turtle.left(random.randrange(30))
```

7 3 完成游戏

在7.1节实现了目标物的移动, 7.2节实现了乌龟移动的基础部分。本节将前面的内容结合起来, 完成游戏的制作。下面讲解碰撞的判断与经过时间的显示等内容。

重点在这里

✓ 通过两个对象之间的距离来判断是否发生碰撞

✓ 使用三元运算符可以让 if 语句更简洁

值 1 if 条件表达式 else 值 2

✓ 在函数内部为全局变量赋值要使用 global 声明

✓ 再次打开应用程序要执行 screen.tracer(1)

[7.3.1 为了让游戏完成]

游戏完成版

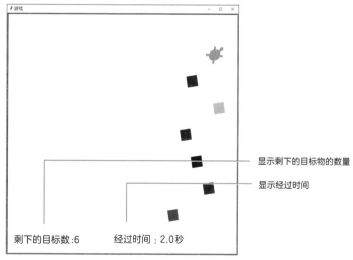

显示剩下的目标物的数量

显示经过时间

剩下的目标数:6   经过时间 : 2.0秒

作为游戏的新的部分，需要事先准备用于表示剩下的目标物的数量的标题 r_text、表示经过时间的标题time_text。另外，time_text为"任务完成""游戏结束"用于表示游戏状态的字符串。

game()函数的处理

游戏的主体部分是game()函数，重复执行的处理与之前有所不同。下面是变更后的game()函数的处理。

game()函数的处理流程

```
def game()

    碰到墙壁的话让乌龟反弹回来

    for语句让目标物移动

        乌龟与目标物碰到一起时，让目标物停止

    目标物还有剩余就显示经过的时间

    清除所有目标物后就显示"任务完成！"

    乌龟碰到下边的墙壁就结束游戏

    ontimer()方法循环调用game()函数
```

7.3.2　关于碰撞的判断

游戏中，当乌龟与目标物碰撞时，那个目标物停止移动并且变成灰色。这时，乌龟与目标物是否发生了碰撞，以两者的中心距离来判断。距离的判断方法如下。

乌龟与目标物中心的距离

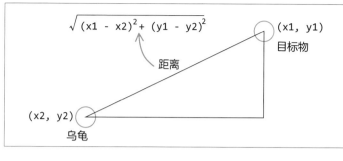

判断碰撞的is_hit()函数

下面演示用于判断碰撞的is_hit()函数。当乌龟与目标物距离为40像素时判断为碰撞。碰撞就返回True，否则返回False。

Sample game1.py（is_hit()函数）

```
def is_hit(target, turtle):
    # 乌龟与目标物的碰撞判断
    diff = math.sqrt(math.pow(target.xcor()
                            - turtle.xcor(), 2)
                    + math.pow(target.ycor()
                            - turtle.ycor(), 2))    ←❶
    return True if diff < 40 else False    ←❷
```

❶使用三角形斜边长计算公式，计算乌龟与目标物的距离然后赋给变量diff。

❶这种在句子中间换行好吗?

在"()"的内部,在分隔的部分进行换行是可以的(3.3.4小节后的"专栏"中有解释)。换行后的缩进量可以自由设定。

❷的return语句,变量diff的值小于40时返回True,否则返回False。

这里使用的是三元运算符,是if语句的简写形式。

三元运算符

```
值1 if 条件表达式 else 值2
```

条件表达式成立时返回值1,不成立时返回值2。

三元运算符,不习惯的话很难记住呀。

用普通的if语句书写也可以。

```
if diff < 40:
    return True
else:
    return False
```

对于我来说,还是这个比较容易理解。

乌龟与所有目标物碰撞的判断处理

game()函数中,采用如下方式判断每个目标物是否与乌龟发生碰撞。将发生碰撞的目标物改为灰色,从列表targets中移除。最后,使用write()方法显示剩下的目标物的数量。

game1.py（判断碰撞部分）

```
for t in targets:    ←❶
    ~略~
    # 碰撞判断
    if is_hit(t, my_turtle):    ←❷
        # 被碰撞到的目标物改成灰色并且从targets中移除
        t.color("#EEEEEE")    ←❸
        targets.remove(t)    ←❹
        r_text.clear()
        r_text.write(
            f"剩下的目标数: {len(targets)}",
            font=("helvetica", 24))    ←❺
```

❶的for语句，从存放目标物的列表targets中，一个一个地取出赋给变量t。

❷的if语句的条件表达式，将目标物t、乌龟my_turtle作为is_hit()函数的参数来调用，从而进行碰撞的判断。

发生碰撞时，❸设定颜色为灰色（"#EEEEEE"），然后❹采用remove()方法将其从列表targets中移除。

❺更新剩下的目标物的数量。

方　法

remove(e)

参　数
e：被删除的元素

返回值
无

说　明
从列表中删除第一个找到的元素

[7.3.3 经过时间的显示和清除所有目标物的处理]

下面是判断目标物是否还有剩余，以及更新经过的时间显示的部分代码。

Sample game1.py（显示经过时间的部分）

```
# 计算经过的时间
now = datetime.datetime.now()        ←❶
etime = now - stime

# 如果还有剩下的目标物，更新经过的时间
if len(targets) > 0:        ←❷
    count += 1
    if count % 5 == 0:
        sec = etime.seconds + etime.microseconds / 1000000
❸→     time_text.clear()                              ↑❹
        time_text.write(f"经过时间: {sec:.1f}秒",     ←❺
                        font=("helvetica", 24))
else:        ←❻
    time_text.goto(-250, 0)
    time_text.write(
            "任务完成! ", font=("helvetica", 60))
    screen.update()
    return

~略~

# 开始时间
stime = datetime.datetime.now()        ←❼
```

❶用当前时刻now减去开始时刻保存的变量stime的值，来计算经过的时间，赋给变量etime。

❷的if语句用于判断列表targets的元素数是否大于0，如果大于0，表示目标物还有剩余，则显示经过的时间。但是如果每次都更新经过时间会让处理变慢，因此准备一个用于记忆调用game()函数次数的变量count。

❸在if语句中将变量count除以5，如果余数是0，就是每5次中只有1次更新经过的时间。使用f字符串，设定经过的时间显示小数点后1位。

❶的变量etime是timedelta类的一个实例。seconds属性可以取得秒的部分，microseconds属性可以取得微秒的部分。❹将这些都加起来计算出秒数赋给变量sec。

❺将经过时间的秒数显示为小数点后1位。

❹将etime.microseconds除以100万，是为什么？

用于将微秒转换为秒。1秒是100万微秒。

经过时间每5次更新1次，如果改成每次都更新有问题吗？

turtle模块中使用write()方法绘制字符串比较消耗时间。如果把❷的if语句的判断去掉，再试一试。

确实是。目标物和乌龟的动作都变得很慢。

没有剩余目标物时，会执行❻的else语句的语句块，显示"任务完成！"。

没有剩余目标物时，显示"任务完成！"

关于全局变量

4.1.7小节中讲过，Python语言在函数内部修改值的变量之中，用global关键字声明的变量是全局变量。除此以外的变量是函数内部变量，也就是局部变量。

这个程序中，采用变量count这个全局变量来管理game()函数被调用了多少次。

`Sample` game1.py（game()函数开头部分）

```
def game():
    global count
```

~略~

[7.3.4　乌龟碰到下边的墙壁时的处理]

当乌龟碰到下边的墙壁时，乌龟变成红色，并且让其左右振动，显示"游戏结束"。

乌龟碰到下边的墙壁时就显示"游戏结束"

下面是game()函数最后的部分。

Sample game1.py（game()函数最后的部分）

```
# 乌龟碰到下边的墙壁就结束游戏
if my_turtle.ycor() < -Y_LIMIT:    ←❶
    screen.tracer(1)    ←❷
    my_turtle.color("red")    ←❸
    # 让乌龟振动
    for _ in range(10):
        my_turtle.right(15)    ←❹
        my_turtle.left(15)
    time_text.goto(-280, 0)
    time_text.write(                   ←❺
        "游戏结束", font=("helvetica", 60))
else:
    # 更新画面
    screen.update()    ←❻
    screen.ontimer(game, 10)    ←❼
```

❶的if条件表达式，用于判断y坐标是否比-Y_LIMIT小，也就是判断是否碰到了下边的墙壁。如果碰到则使用❷的tracer()方法启用动画效果，❸设置乌龟为红色。

❹的for语句反复执行right()和left()方法，让乌龟左右旋转并且振动。

❺使用time_text显示"游戏结束"。

如果没碰到下边的墙壁，❻执行update()方法更新画面，❼执行ontimer()方法重复处理。

❷的 screen.tracer(1) 是必需的吗？

如果不那样写，❹的 for 语句中让乌龟左右旋转时，显示不出振动的动画效果。

[7.3.5　全部的程序清单]

下面是全部的程序清单。

`Sample` game1.py（全部）

```python
import turtle
import math
import random
import datetime

def tleft():
    # 向左旋转
    my_turtle.left(10)

def tright():
    # 向右旋转
    my_turtle.right(10)

def is_hit(target, turtle):
    # 乌龟与目标物的碰撞判断
    diff = math.sqrt(math.pow(target.xcor()
                              - turtle.xcor(), 2)
                  + math.pow(target.ycor()
                              - turtle.ycor(), 2))
    return True if diff < 40 else False

def game():
    global count

    # 碰到墙壁就将乌龟反转
    if math.fabs(my_turtle.xcor()) >= X_LIMIT:
        angle = 180 - my_turtle.heading()
        my_turtle.setheading(angle)
        print(angle)
    if my_turtle.ycor() >= Y_LIMIT:
        angle = 360 - my_turtle.heading()
        my_turtle.setheading(angle)
```

```
my_turtle.forward(step)

# 移动目标物
for t in targets:
    # 移动目标物（移动距离随机）
    t.forward(random.randrange(10))
    # 旋转目标物
    t.tilt(3)
    if math.fabs(t.xcor()) > X_LIMIT:
        t.right(180)
        t.forward(10)
    # 碰撞检查
    if is_hit(t, my_turtle):
        # 将碰到的目标物设成灰色，并且从targets中移除
        t.color("#EEEEEE")
        targets.remove(t)
        r_text.clear()
        r_text.write(
            f"剩下的目标数: {len(targets)}",
            font=("helvetica", 24))

# 计算经过时间
now = datetime.datetime.now()
etime = now - stime

# 如果还有目标物，更新经过时间
if len(targets) > 0:
    count += 1
    if count % 5 == 0:
        sec = etime.seconds + etime.microseconds / 1000000
        time_text.clear()
        time_text.write(f"经过时间: {sec:.1f}秒",
                        font=("helvetica", 24))
else:
    time_text.goto(-250, 0)
    time_text.write(
```

```
            "任务完成！", font=("helvetica", 60))
        screen.update()
        return


    # 乌龟碰到下边的墙壁就结束游戏
    if my_turtle.ycor() < -Y_LIMIT:
        screen.tracer(1)
        my_turtle.color("red")
        # 让乌龟振动
        for _ in range(10):
            my_turtle.right(15)
            my_turtle.left(15)
        time_text.goto(-280, 0)
        time_text.write(
            "游戏结束", font=("helvetica", 60))
    else:
        # 更新画面
        screen.update()
        screen.ontimer(game, 10)

screen = turtle.Screen()
screen.setup(900, 900)
screen.title("游戏")

# 绘制乌龟
my_turtle = turtle.Turtle()
my_turtle.shape("turtle")
my_turtle.shapesize(3)
my_turtle.color("orange")
my_turtle.penup()

# 存放乌龟的列表
targets = []
# 目标物的颜色
colors = ["blue", "green", "black", "purple", "pink",
          "yellow", "orange"]
# 目标物数量
```

```python
num_of_targets = 6

# 绘制目标物
for y in range(num_of_targets):
    t = turtle.Turtle()
    t.penup()
    t.color(random.choice(colors))
    t.shape("square")
    t.shapesize(2)
    t.sety(y * 100 - 300)
    t.setx(-400 + random.randrange(4) * 100)
    # 将目标物添加到targets中
    targets.append(t)

# 设定按键事件
screen.listen()
screen.onkey(tleft, "Left")
screen.onkey(tright, "Right")
# 关闭闪烁
screen.tracer(0)

# 显示剩余目标物的数量
r_text = turtle.Turtle()
r_text.penup()
r_text.hideturtle()
r_text.goto(-420, -400)
r_text.write(f"剩下的目标数: {len(targets)}",
            font=("helvetica", 24))
# 显示经过时间
time_text = turtle.Turtle()
time_text.penup()
time_text.hideturtle()
time_text.goto(0, -400)
# 经过时间
etime = 0

# 开始时间
```

```
stime = datetime.datetime.now()
# 边界
X_LIMIT = 400
Y_LIMIT = 400

# 每循环一次乌龟的移动距离
step = 3
# 设定乌龟的初始角度
angle = 40
my_turtle.left(angle)
# 调用game()函数的次数（显示经过时间）
count = 0

# 游戏开始
game()

screen.mainloop()
```

终于完成了！

嗯。全部的代码很长，但是分阶段看的话，连我都能看懂。

已经很努力了。之后，对程序进行各种修改，都会成为很好的学习。

我想尝试变更目标物的数量和形状。

我想尝试变更乌龟与目标物碰撞时，乌龟的前进角度！

还有，如按上/下箭头键，能够变更乌龟的速度就很有意思了。

附录：本书涉及的函数、方法和构造函数

func 指定的函数

【参　数】func：被调用的函数，btn：按钮编号，默认是1（左键），add：None（指定新的函数），True（追加执行的函数）
【返回值】无
【说　明】在窗口内点击鼠标，把点击位置作为参数，调用参数func指定的函数

【参　数】func：指定的函数，msec：毫秒
【返回值】无
【说　明】参数msec指定的时间过后，调用参数func指定的函数

【参　数】file：文件的路径，mode：'r'（读取模式），'w'（写入模式），'a'（追加模式），'x'（排他写入），'t'（文本文件模式），'b'（二进制模式），encoding：文字编码，newline：None（默认，可选参数包括全局换行符，'\n'，'\r'，'\r\n'）
【返回值】文件对象
【说　明】打开参数file指定的文件，返回文件对象

【参　数】x：底数，y：指数
【返回值】float型的数值
【说　明】计算x的y次方

【参　数】x值
【返回值】无
【说　明】输出参数

【参　数】theyear：年，themonth：月
【返回值】无
【说　明】显示参数中指定年月的日历

【参　数】start：开始整数值，stop：结束整数值

【返回值】随机整数
【说　明】生成大于或等于start、小于stop的随机整数

【参　数】start：开始整数值，stop：结束整数值，step：步长
【返回值】随机整数
【说　明】生成大于或等于start、小于stop的随机整数。参数step可以指定步长

【参　数】stop：结束整数值
【返回值】随机整数
【说　明】生成大于或等于0、小于stop的随机整数

【参　数】start：开始整数值（省略的话按0处理），stop：结束整数值，step：步长（省略的话按1处理）
【返回值】range对象
【说　明】生成大于或等于start、小于stop的range对象。参数step可以指定步长

【参　数】无
【返回值】字符串
【说　明】从文件中读取一行

【参　数】size：最大字符数（默认读取到文件结尾）
【返回值】以每行内容为元素的列表
【说　明】读取文本文件，返回以行为单位的字符串形成的列表

【参　数】无
【返回值】无
【说　明】将列表逆序排序

【参　数】chars：字符
【返回值】删除参数chars后的字符串

指定字符串的对齐方式（left:左对齐；center:居中；right:右对齐），font:字体名称、尺寸、样式

【返回值】无

【说　明】在当前位置绘制字符串

【参　数】s：要输出的字符串

【返回值】输出的字符串

【说　明】将参数s指定的字符串输出到文本文件

【参　数】l1：列表1，l2：列表2

【返回值】zip对象

【说　明】将两个列表中对应的元素打包，以元组的形式返回可遍历的zip对象

Turtle 类的基本方法 （　）内是页码

forward(x)：前进x像素（90、100）

back(x)：后退x像素（90、100）

right(angle)：向右旋转angle度（90、100）

left(angle)：向左旋转angle度（90、100）

tilt(angle)：以乌龟现在的角度向左倾斜angle度（乌龟前进方向不变）（100）

home()：返回初始位置（100）

circle(x)：绘制半径为x像素的圆（97、100）

speed(s)：设定乌龟运动速度（s从0到10，0表示没有动画效果）（91、100）

goto(x,y)：移动到（x,y）坐标（95、100）

set(x)：设定x坐标（100）

set(y)：设定y坐标（100）

pensize(x)：设定线的粗细为x像素（101）

shapesize(x)：设定乌龟的尺寸为x倍（101）

shape(shape)：设定乌龟的形状（108、101）

pencolor(color)：设定笔的颜色（91、101）

fillcolor(color)：设定填充颜色（91、101）

begin_fill()：开始填充（91、101）

end_fill()：结束填充（101）

penup()：抬起笔（93、101）

pendown()：放下笔（93、101）